U0280515

"十三五"应用型人才培养工程规划教材

工程力学 II

主　编　王晓军　石怀荣

副主编　丁建波　楼力律　刘志军

参　编　余　辉　杨　超　曹　霞　吕　明
　　　　谢占山　赵　静　何　华

机械工业出版社

本书分为《工程力学Ⅰ》《工程力学Ⅱ》两册。《工程力学Ⅰ》讲述静力学基础和构件的静力学设计两部分内容。其中，静力学基础共3章，主要包括刚体静力学的基本概念和物体的受力分析，力系的简化，力系的平衡。构件的静力学设计共8章，包括材料力学概述与材料的力学性能，杆件的内力分析，杆件横截面上的应力分析，应力状态分析，构件的强度设计，杆件的变形分析及刚度设计，压杆稳定及提高构件强度，刚度和稳定性的措施，简单超静定问题。《工程力学Ⅱ》讲述工程动力学内容，共6章，包括点的运动学与刚体的基本运动、点的合成运动、刚体的平面运动、刚体动力学、动静法、动载荷与疲劳，并在附录给出了部分习题参考答案。

本书针对应用型本科院校机械类、土木类专业的学生编写，也可作为高职高专、自学考试和成人教育的教材，并可供有关科研和工程技术人员参考。

图书在版编目（CIP）数据

工程力学.Ⅱ/王晓军，石怀荣主编.—北京：机械工业出版社，2015.12（2025.1重印）
"十三五"应用型人才培养工程规划教材
ISBN 978-7-111-52342-0

Ⅰ.①工⋯　Ⅱ.①王⋯　②石⋯　Ⅲ.①工程力学-高等学校-教材
Ⅳ.①TB12

中国版本图书馆CIP数据核字（2015）第300769号

机械工业出版社（北京市百万庄大街22号　邮政编码100037）
策划编辑：姜　凤　责任编辑：姜　凤　李　乐
版式设计：霍永明　责任校对：张　征
封面设计：张　静　责任印制：单爱军
北京虎彩文化传播有限公司印刷
2025年1月第1版第4次印刷
184mm×260mm·7.5印张·179千字
标准书号：ISBN 978-7-111-52342-0
定价：19.00元

电话服务　　　　　　　　　　网络服务
服务咨询热线：010-88379833　机 工 官 网：www.cmpbook.com
读者购书热线：010-88379649　机 工 官 博：weibo.com/cmp1952
　　　　　　　　　　　　　　教育服务网：www.cmpedu.com
封面无防伪标均为盗版　　　金 书 网：www.golden-book.com

前　　言

　　工程力学是一门理论性较强、与工程技术联系极为密切的技术基础学科，其定理、定律和结论广泛应用于各行各业的工程技术中。随着新型技术和新兴高技术企业的发展，生产一线需要大量的本科层次、复合型技术技能型人才。为适应这样的社会需求，教育部也在引导地方高校转型为应用技术型院校，这些院校教学科研工作将全面转轨。本书是为该层次院校编写的工程力学教材。

　　在对国内地方本科院校基础力学（理论力学、材料力学、工程力学）教学现状的调研和分析的过程中，编者体会到目前各院校面临的人才培养模式改革、学时重新分配的问题，既是必须面对的严峻现实，也是教学内容和教学方法改革极好的机遇。为发挥基础力学在工科教学中的作用，结合多个同类院校的教学改革和实践的经验，本着实用、够用的原则，编者对原理论力学、材料力学的基本内容做了体系上的调整，并对内容进行了适当的取舍，简化理论推导的同时加强分析方法的陈述。本书分为两册：《工程力学Ⅰ》和《工程力学Ⅱ》，包括静力学基础、构件的静力学设计和工程动力学三篇，覆盖了理论力学和材料力学的基本部分。

　　本书强调受力分析在工程构件设计中的重要作用，在阐述刚体模型的受力分析和计算方法后，即开展工程构件的强度、刚度和稳定性的分析，目的是使读者能够将静力分析方法合理地应用于工程构件的分析中。

　　在静力学基础中，改变传统的公理体系，将静力学公理、原理按需要放在相关内容中陈述。在构件的静力学设计中，突出内力分析、应力分析、变形、强度和刚度以及稳定性的分析，避免同一分析方法在不同问题中的多次重复，有利于读者确定问题的所属范畴，明确解决问题的方法和途径。在工程动力学中，简要介绍了对质点和刚体的基本运动进行分析的常用方法，重点介绍点的合成运动以及刚体的平面运动。然后按照受力分析、运动分析以及力与运动的关系介绍了动力学普遍定理的原理及应用，并介绍了动静法以及动载荷与交变应力的基本内容。特别注意与物理课程力学部分形成区别，突出普遍原理在刚体动力学中的应用，减少重复，提高起点。

　　本书在基本理论、基本概念的阐述上力求简洁易懂，所选例题多有相应的工程背景，插图尽量形象生动，贴近工程实际，便于读者理解。

　　参加本书编写的人员有常州工学院的王晓军、刘志军、余辉、曹霞，河海大学的楼力律，江苏理工学院的杨超，蚌埠学院的石怀荣、吕明、赵静、何华，南通航运职业技术学院的丁建波，安徽科技学院的谢占山，他们均在应用型高校长期从事力学教学工作，具有十分丰富的教学经验。其中，王晓军、石怀荣任主编，丁建波、楼力律、刘志军任副主编。王海东、卓娜两位同学精心绘制了本书的插图。本书在编写过程中，得到了相关学院教师的大力支持，他们提出了许多宝贵的意见。在此向所有贡献者一并致谢。

　　本书承蒙北京航空航天大学蒋持平教授悉心审阅，谨在此表示衷心的感谢。

　　编者希望本书能满足应用技术层面师生的需求，但限于编者的水平和能力，书中难免存在疏漏和欠妥之处，恳请广大读者批评指正。

编　者

目 录

第Ⅲ篇　工程动力学

　　工程动力学由运动学分析和动力学分析两个部分组成。

　　运动学分析不考虑影响物体运动的物理因素，只研究物体运动的几何性质，以便提出运动分析的一般方法，为机构运动分析提供基本的概念、理论和方法，同时为动力学分析奠定基础。这部分由于对运动的描述具有相对性，因此在运动分析中，必须指明参考系。一般情况下，若不做特殊说明，均选固连于地球的参考系。由于运动对于不同参考系表现的形式不同，故可以利用这个性质，通过选择合适的参考系，使得对运动的描述变得简单，利于研究工作的开展。在点的合成运动以及刚体的平面运动中，都采用的是这个方法。

　　动力学分析主要讨论力与运动之间的关系。由静力学分析可知，物体保持平衡的条件是作用于物体上的力系的主矢和对任意一点的主矩为零，即 $F'_R = 0$，$M_O = 0$。因此，静力学是动力学的特殊情形。动力学分析涉及的受力分析，可以应用静力学的分析方法和相关的结论，例如力的分解、合成，以及力系简化的结果等，都可以直接应用于动力学分析。1687年，牛顿在他的名著《自然哲学的数学原理》中对前人的研究成果进行总结，提出了三条定律，即牛顿三定律，也称为动力学普遍定律。动力学普遍定律是动力学的最基本的规律。由它们可以导出刚体、流体等质点系动力学的基本规律，从而建立了经典力学体系。

　　牛顿第一定律（惯性定律）　**任何质点若不受力的作用，将保持原来的静止或匀速直线运动状态。**牛顿第一定律阐明了物体惯性运动的条件是其所受的力系为平衡力系，同时也确定了经典力学适用于惯性参考系（不受外力作用的质点在其中保持静止或匀速直线运动的参考系）。

　　牛顿第二定律　**质点加速度的大小与其所受力的大小成正比，与其质量成反比，方向与力的方向相同。**

$$a = \frac{F}{m}$$

　　牛顿第二定律建立了力与运动的关系，由此可以分析求解质点的两类问题：由已知作用力求解运动，以及由运动求解质点的受力。牛顿第二定律可以推导出动力学的其他方程，因此也被称为**动力学基本方程**。牛顿第二定律是一个瞬时矢量式，力与加速度总是同时存在、同时改变、同时消失。

　　牛顿第三定律（作用力与反作用力定律）　**两个质点之间的相互作用力总是等值、反向、共线，分别作用在两个质点上。**

　　牛顿第三定律适用于任何参考系。

　　质点系中的每一个质点的运动与受力都有牛顿第二定律所描述的关系，但工程力学更关心质点系整体的运动规律。动力学普遍定理：动量定理、动量矩定理和动能定理，建立了描述质点系整体运动的特征量（动量、动量矩、动能）与力系对质点系的机械作用量（力、冲量、功）之间的关系，揭示了质点系整体运动与受力之间的关系。在应用动力学普遍定理求解问题时，常常可以避免内力的出现，从而使求解分析的过程简洁。

在引入惯性力概念后，动力学问题在形式上可以转化为静力学问题进行分析求解，称为动静法。由于静力学分析方法简单直观，方法灵活，可以方便地运用分析计算，因此工程上得以广泛的应用。但动静法往往需要分解系统，使得未知内力参与到求解计算中，带来一定的烦琐。因此，要根据实际情况灵活选择适用的动力学原理求解相关问题。

在动力学分析中，对于具有加速度的运动构件，其应力、变形等问题，也可通过乘以动荷因数的方法，将动力学问题简化为可通过简单的静力分析求解的问题。

第 12 章
点的运动学与刚体的基本运动

12.1 点的运动学

点的运动学研究点的几何位置随时间变动的规律，是研究一般物体运动的基础，具有独立的应用意义。一般情况下，为了使研究的结果不依赖于坐标系的选择，通常选用矢量表示各种量之间的关系，在求解具体问题时，再选择合适的参考系。本节将阐述描述质点运动方程的三种方法以及三种方法下质点的速度、加速度求解方法。

描述点的位置参量随时间连续变化规律的函数表达式称为点的**运动方程**。点在空间运动的路径称为点的**运动轨迹**。

在参考系中选择一固定点 O，由 O 向点 M 作矢量 r 称为动点 M 相对于 O 的**矢径**，如图 12-1 所示。当点 M 运动时，矢径 r 是随时间变的矢量，一般可表示为时间 t 的单值连续函数：

$$r = r(t) \tag{12-1}$$

矢径 r 唯一地决定了点 M 的位置，方程（12-1）称为点 M 的**矢量形式的运动方程**。

矢径端点在空间描出的曲线称为矢端图，它就是动点的轨迹，如图 12-1 所示。

由物理学的知识可知，**点的速度等于其矢径 r 对时间 t 的一阶导数**，即

$$v = \frac{\mathrm{d}r}{\mathrm{d}t} = \dot{r} \tag{12-2}$$

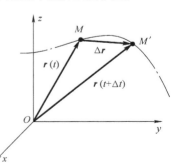

图　12-1

动点速度方向沿着矢径的矢端曲线的切线，即沿动点运动轨迹的切线，并与此点的运动方向一致，速度的大小表示点运动的快慢。

点的加速度等于速度对时间的一阶导数，也等于矢径对时间的二阶导数，即

$$a = \frac{\mathrm{d}\, \boldsymbol{v}}{\mathrm{d}t} = \frac{\mathrm{d}^2 \boldsymbol{r}}{\mathrm{d}t^2} \qquad (12\text{-}3)$$

或者表达为

$$a = \dot{\boldsymbol{v}} = \ddot{\boldsymbol{r}} \qquad (12\text{-}4)$$

在解决具体问题时，根据问题不同选择合适的参考系，最常见的坐标系是直角坐标系和自然轴系。

1. 直角坐标法

（1）运动方程 在参考体上固连一直角坐标系 $Oxyz$，$\boldsymbol{i}$、$\boldsymbol{j}$、$\boldsymbol{k}$ 为三根轴的单位矢量，如图 12-2 所示。动点 M 在直角坐标系中的坐标为 (x, y, z)，则其矢径 $\boldsymbol{r}$ 可以表达为

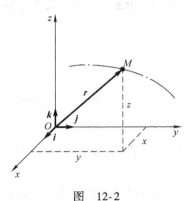

$$\boldsymbol{r} = x\boldsymbol{i} + y\boldsymbol{j} + z\boldsymbol{k} \qquad (12\text{-}5)$$

因此，运动方程 $\boldsymbol{r} = \boldsymbol{r}(t)$ 在直角坐标系中可以表达为

$$\begin{cases} x = f_1(t) \\ y = f_2(t) \\ z = f_3(t) \end{cases} \qquad (12\text{-}6)$$

这一组方程称为点 M 的直角坐标形式的运动方程。

图 12-2

在运动方程（12-6）中消去 t 即得直角坐标形式的轨迹方程为

$$f(x, y, z) = 0 \qquad (12\text{-}7)$$

（2）速度方程 将式（12-5）代入式（12-2）中，可得

$$\boldsymbol{v} = \dot{\boldsymbol{r}} = \dot{x}\boldsymbol{i} + \dot{y}\boldsymbol{j} + \dot{z}\boldsymbol{k} \qquad (12\text{-}8)$$

将点的速度在直角坐标轴上投影，可得

$$\boldsymbol{v} = v_x\boldsymbol{i} + v_y\boldsymbol{j} + v_z\boldsymbol{k} \qquad (12\text{-}9)$$

由此可得

$$v_x = \dot{x}, \quad v_y = \dot{y}, \quad v_z = \dot{z} \qquad (12\text{-}10)$$

已知 v_x、v_y、v_z 后，就可以确定速度矢量 $\boldsymbol{v}$ 的大小及方向为

$$v = \sqrt{v_x^2 + v_y^2 + v_z^2} \qquad (12\text{-}11)$$

$$\cos\langle \boldsymbol{v}, \boldsymbol{i}\rangle = \frac{v_x}{v}, \quad \cos\langle \boldsymbol{v}, \boldsymbol{j}\rangle = \frac{v_y}{v}, \quad \cos\langle \boldsymbol{v}, \boldsymbol{k}\rangle = \frac{v_z}{v} \qquad (12\text{-}12)$$

（3）加速度方程 将速度 $\boldsymbol{v}$ 表达式对时间 t 求导数，可得加速度的矢量表达式为

$$a = \dot{\boldsymbol{v}} = \dot{v}_x\boldsymbol{i} + \dot{v}_y\boldsymbol{j} + \dot{v}_z\boldsymbol{k} \qquad (12\text{-}13)$$

将点的加速度在直角坐标轴上投影，可得

$$a = a_x\boldsymbol{i} + a_y\boldsymbol{j} + a_z\boldsymbol{k} \qquad (12\text{-}14)$$

比较上面两式，得

$$\begin{cases} a_x = \dot{v}_x = \ddot{x} \\ a_y = \dot{v}_y = \ddot{y} \\ a_z = \dot{v}_z = \ddot{z} \end{cases} \tag{12-15}$$

若已知点加速度的投影，可求出加速度 **a** 的大小及方向为

$$a = \sqrt{a_x^2 + a_y^2 + a_z^2} \tag{12-16}$$

$$\cos <\boldsymbol{a}, \boldsymbol{i}> = \frac{a_x}{a}, \quad \cos <\boldsymbol{a}, \boldsymbol{j}> = \frac{a_y}{a}, \quad \cos <\boldsymbol{a}, \boldsymbol{k}> = \frac{a_z}{a} \tag{12-17}$$

若质点在平面内运动，当点的轨迹为一平面曲线时，则上述运动方程、速度、加速度在坐标轴 z 上的投影为零，即运动方程、速度方程和加速度方程分别为

$$\begin{cases} x = f_1(t) \\ y = f_2(t) \end{cases}, \begin{cases} v_x = \dot{x} \\ v_y = \dot{y} \end{cases}, \begin{cases} a_x = \ddot{x} \\ a_y = \ddot{y} \end{cases} \tag{12-18}$$

例 12-1 曲柄压力机的工作原理是通过曲柄滑块机构将电动机的旋转运动转换为滑块的直线往复运动，对坯料进行锻压成形加工（图 12-3a）。曲柄压力机机构原理简图如图 12-3b 所示，该连杆机构中曲柄 OA 和连杆 AB 的长度分别为 r 和 l，且 $l > r$，$\varphi = \omega t$，ω 是常量。冲头 B（可视为滑块）可沿轴 Ox 做往复运动。试求滑块 B 的运动方程、速度方程和加速度方程。

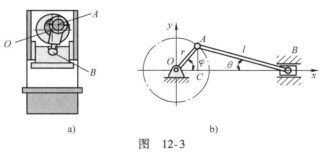

a)   b)

图 12-3

解：建立如图 12-3b 所示坐标系，滑块 B 沿 x 轴运动。在任意位置，由几何关系得滑块 B 的坐标为

$$x_B = r\cos\omega t + l\cos\theta$$

由几何关系 $r\sin\omega t = l\sin\theta$，可得

$$\cos\theta = \sqrt{1 - \left(\frac{r}{l}\right)^2 \sin^2\omega t}$$

因此有

$$x_B = r\cos\omega t + \sqrt{l^2 - r^2 \sin^2 \omega t}$$

则有

$$v_B = \dot{x}_B = -r\omega\sin\omega t - \frac{r^2\omega\sin\omega t\cos\omega t}{\sqrt{l^2 - r^2 \sin^2\omega t}}$$

$$a_B = \dot{v}_B = -r\omega^2\cos\omega t - \frac{r^2\omega^2\cos 2\omega t(l^2 - r^2 \sin^2\omega t) + r^4\omega^2 \sin^2\omega t \cos^2\omega t}{(l^2 - r^2 \sin^2\omega t)^{\frac{3}{2}}}$$

例 12-2　某轿车的车轮半径为 r，沿固定水平轨道滚动而不滑动（图 12-4），轮缘上一点 M 在初瞬时与轨道上的 O 点叠合；在瞬时 t 半径 MC 与轨道的垂线 HC 组成交角 $\varphi = \omega t$，其中 ω 是常量，试求在车轮滚一圈的过程中点 M 的运动方程、速度和加速度，以便建立控制系统信号。

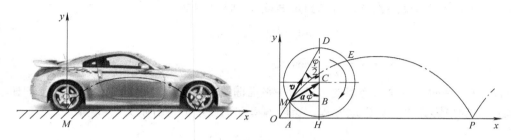

图　12-4

解：（1）求点 M 的运动方程。

在点 M 的运动平面内建立直角坐标系 Oxy，如图 12-4 所示。轴 x 沿直线轨道，并指向轮子滚动的前进方向；轴 y 铅直向上，考虑车轮在任意瞬时位置，因车轮滚动而不滑动，故有 $OH = \overset{\frown}{MH}$。于是，在图示瞬时动点 M 的坐标为

$$x = OA = OH - AH = r\varphi - r\sin\varphi \tag{a}$$

$$y = AM = HB = r - r\cos\varphi \tag{b}$$

以 $\varphi = \omega t$ 代入式（a）、式（b）得点 M 的运动方程

$$\begin{cases} x = r(\omega t - \sin\omega t) \\ y = r(1 - \cos\omega t) \end{cases} \tag{c}$$

上式说明，点 M 的轨迹是滚轮线（即摆线），如图 12-4 所示。车轮滚一圈的时间 $T = 2\pi/\omega$，在此过程中，点 M 的轨迹只占滚轮线的一环 OEP。

（2）求点 M 的瞬时速度。

对式（c）中坐标 x、y 求时间的一阶导数，得

$$v_x = r\omega(1 - \cos\omega t), \quad v_y = r\omega\sin\omega t \tag{d}$$

故得点 M 速度 $\boldsymbol{v}$ 的大小和方向，有

$$v = \sqrt{v_x^2 + v_y^2} = r\omega\sqrt{(1 - \cos\omega t)^2 + \sin^2\omega t} = 2r\omega\sin\frac{\omega t}{2}$$

$$\cos\langle \boldsymbol{v}, \boldsymbol{i} \rangle = \frac{v_x}{v} = \sin\frac{\omega t}{2} = \sin\frac{\varphi}{2}, \quad \cos\langle \boldsymbol{v}, \boldsymbol{j} \rangle = \frac{v_y}{v} = \cos\frac{\omega t}{2} = \cos\frac{\varphi}{2}$$

（3）求点 M 的瞬时加速度。

对式（d）的 v_x、v_y 求时间的一阶导数，得

$$a_x = r\omega^2\sin\omega t, \quad a_y = r\omega^2\cos\omega t$$

故得点 M 加速度 $\boldsymbol{a}$ 的大小和方向如图 12-4 所示，有

$$a = \sqrt{a_x^2 + a_y^2} = r\omega^2$$

$$\cos\langle \boldsymbol{a}, \boldsymbol{i} \rangle = \frac{a_x}{a} = \sin\varphi, \quad \cos\langle \boldsymbol{a}, \boldsymbol{j} \rangle = \frac{a_y}{a} = \cos\varphi$$

当 $t = 2\pi$ 时，有 $x = 0$，$y = 0$；$v_x = 0$，$v_y = 0$；$a_x = 0$，$a_y = r\omega^2$。这表示，若车轮匀速转动，当点 M 接触轨道时，它的速度等于零，而加速度方向垂直于轨道。

研究车轮的速度及加速度，一般是为了更好地控制汽车的运动状态，如在车轮上安装加速度传感器，其目的就是及时将车的运动参数在仪表盘上显示，同时也作为电喷发动机的辅助喷油信号。其他应用，如汽车防抱制动系统（ABS）控制的关键在于对车辆轮速信号的处理，以有效防止汽车在制动时可能发生的由于制动力过大而导致车轮抱死，引发汽车失去转向能力或者侧偏的危险工况。

2. 自然坐标法

点运动的速度、加速度与点运动轨迹的几何形状有关，结合动点的运动轨迹的几何形状建立坐标系来研究点运动的方法，称为**自然坐标法**。

设动点 M 沿已知轨迹曲线运动，在轨迹曲线上任选一定点 O 作为量取弧长的起点，并规定由原点 O 向一方向量得的弧长取正值，则另一方向量得的弧长取负值。这种带有正负值的弧长 OM，称为动点 M 的**弧坐标**，用 s 表示，$s = \overset{\frown}{OM}$。点在轨迹上的位置可由弧坐标 s 完全确定，如图 12-5 所示。

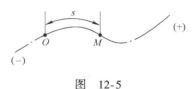

图　12-5

（1）运动方程　当点 M 沿已知轨迹运动时，弧坐标 s 随时间而变，并可表示为时间 t 的单值连续函数，即

$$s = f(t) \tag{12-19}$$

上式称为自然坐标法表示点 M 的运动方程。

（2）自然轴系　在点的运动轨迹曲线上取接近的两点 M 和 M_1，该两点处切线的单位矢量分别为 $\boldsymbol{\tau}$ 和 $\boldsymbol{\tau}_1$，当点 M_1 无限趋近于点 M 时，由 $\boldsymbol{\tau}$ 和 $\boldsymbol{\tau}_1'$ 构成的平面称为**密切面**。过点 M 并与切线垂直的平面称为**法平面**，如图 12-6 所示。

切线的单位矢量用 $\boldsymbol{\tau}$ 表示，其正向指向 s 的正向。**主法线**：法平面与密切面的交线，$\boldsymbol{n}$ 为主法线的单位矢量，其正向指向曲线凹侧。**副法线**：过点 M 且垂直于密切面的直线，$\boldsymbol{b}$ 为副法线的单位矢量，其正向指向由下式确定：

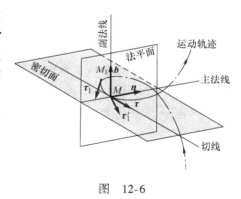

图　12-6

$$\boldsymbol{b} = \boldsymbol{\tau} \times \boldsymbol{n} \tag{12-20}$$

以点 M 为原点，以切线、主法线和副法线为坐标轴组成的正交坐标系称为曲线在点 M 的**自然坐标系**（图 12-7），且三个单位矢量满足右手法则。曲线上任意一点都有该点的自然轴系，其范围随点的位置而改变。

（3）速度与加速度　设速度在切线上的投影为 v，速度方向沿自然坐标轴的切线方向，有

$$\boldsymbol{v} = v\boldsymbol{\tau} = \dot{s}\boldsymbol{\tau} \tag{12-21}$$

将上式代入式（12-4），有

$$a = \frac{\mathrm{d}\boldsymbol{v}}{\mathrm{d}t} = \frac{\mathrm{d}}{\mathrm{d}t}(v\boldsymbol{\tau}) = \frac{\mathrm{d}v}{\mathrm{d}t}\boldsymbol{\tau} + v\frac{\mathrm{d}\boldsymbol{\tau}}{\mathrm{d}t} \tag{12-22}$$

由于 $\frac{\mathrm{d}\boldsymbol{\tau}}{\mathrm{d}t} = \frac{v}{\rho}\boldsymbol{n}$，所以有

$$\boldsymbol{a} = \frac{\mathrm{d}v}{\mathrm{d}t}\boldsymbol{\tau} + \frac{v^2}{\rho}\boldsymbol{n} \tag{12-23}$$

式中，

$$\boldsymbol{a}_{\mathrm{t}} = \frac{\mathrm{d}v}{\mathrm{d}t}\boldsymbol{\tau} \tag{12-24}$$

方向沿轨迹的切线方向，它表明速度大小的变化率，称为**切向加速度**。当速度 $\boldsymbol{v}$ 与切向加速度 $\boldsymbol{a}_{\mathrm{t}}$ 指向相同时，点做加速运动，反之点做减速运动。式（12-23）中，

$$\boldsymbol{a}_{\mathrm{n}} = \frac{v^2}{\rho}\boldsymbol{n} \tag{12-25}$$

方向沿主法线的方向，指向曲率中心，称为**法向加速度**，它表明速度方向随时间的变化率。

由式（12-24）和式（12-25）可知，$\boldsymbol{a}_{\mathrm{t}}$、$\boldsymbol{a}_{\mathrm{n}}$ 均位于密切面内，则全加速度 $\boldsymbol{a}$ 必位于密切面内，故加速度在副法线方向上的投影为零，即

$$\boldsymbol{a}_{\mathrm{b}} = 0 \tag{12-26}$$

上式表明加速度在副法线方向没有分量。

全加速度 $\boldsymbol{a}$ 的大小为

$$a = \sqrt{a_{\mathrm{t}}^2 + a_{\mathrm{n}}^2} = \sqrt{\left(\frac{\mathrm{d}v}{\mathrm{d}t}\right)^2 + \left(\frac{v^2}{\rho}\right)^2} \tag{12-27}$$

其方向可以由全加速度与主法线正向间的夹角 θ 的正切来确定，即

$$\tan\theta = \frac{a_{\mathrm{t}}}{a_{\mathrm{n}}} \tag{12-28}$$

例 12-3 飞行器在铅直面内从位置 M_0 处以 $s = 250t + 5t^2$ 的规律沿半径 $r = 1500\mathrm{m}$ 的圆弧做机动飞行，如图 12-8a 所示。其中 s 以 m 计，t 以 s 计。当 $t = 5\mathrm{s}$ 时，试求飞行器在轨迹上的位置 M 及其速度和加速度。

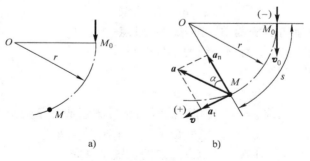

a)　　　　　　　　b)

图　12-8

解：选择自然坐标法求解。取 M_0 为弧坐标 s 的原点，s 的正、负方向如图 12-8b 所示。当 $t = 5\mathrm{s}$ 时，飞行器的位置 M 可由弧坐标确定：

$$s = (250t + 5t^2)\big|_{t=5\mathrm{s}} = 1375\mathrm{m} \tag{a}$$

飞行器的速度和切向加速度、法向加速度分别为

$$v = \dot{s} = 250 + 10t \tag{b}$$

$$a_\mathrm{t} = \dot{v} = 10\mathrm{m/s}^2 \tag{c}$$

$$a_\mathrm{n} = \frac{v^2}{\rho} = \frac{1}{1500}(250 + 10t)^2 \tag{d}$$

代入 $t = 5\mathrm{s}$，得

$$v = 300\mathrm{m/s}, \quad a_\mathrm{t} = 10\mathrm{m/s}^2, \quad a_\mathrm{n} = 60\mathrm{m/s}^2$$

故在该瞬时飞行器的总加速度 $\boldsymbol{a}$ 的大小和方向分别为

$$a = \sqrt{a_\mathrm{t}^2 + a_\mathrm{n}^2} = 60.8\mathrm{m/s}^2$$

$$\tan\alpha = \frac{a_\mathrm{t}}{a_\mathrm{n}} = 0.167, \quad \alpha = 9.5°$$

12.2　刚体的基本运动

平移和定轴转动是刚体的两种最简单、最基本的运动，为刚体的基本运动。刚体的更复杂的运动可以看成是这两种运动的合成。

12.2.1　刚体的平移

刚体上任取一条直线，在运动的过程中该直线始终与其初始位置平行，具有这种特征的刚体运动，称为刚体的**平行移动**，简称**平移**。如图 12-9a 所示，凸轮机构中的顶杆 AB、凸轮都做平移；图 12-9b 中筛分机构中刚体 CD 做平移。根据刚体平移时点的运动轨迹，可将平移分为**直线平移**和**曲线平移**。直线平移时，刚体上各点轨迹为直线，如图 12-9a 所示凸轮和顶杆的运动；曲线平移时，刚体上各点的轨迹为曲线，如图 12-9b 所示平移刚体 CD 上点 C 与点 D 的轨迹。

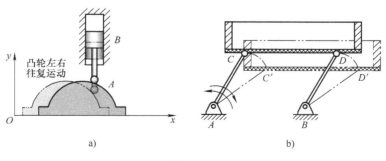

图　12-9

如图 12-10 所示平移刚体，AB 为刚体上任取的直线，直线 A_1B_1、A_2B_2 是刚体平移后的直线 AB 的位置。可见，当刚体做平移时，刚体上所有各点的轨迹为相互平行的曲线。

设 AB 为刚体上任意一条直线，则有

$$r_B = r_A + \overrightarrow{AB} \qquad (12\text{-}29)$$

上式对时间求导，根据平移的性质，$\overrightarrow{AB}$ 的长度和方向都保持不变，可得

$$v_B = v_A \qquad (12\text{-}30)$$

上式对时间 t 求导一次，即得

$$a_B = a_A \qquad (12\text{-}31)$$

即在同一瞬时，平移刚体内各点的速度和加速度分别相等。

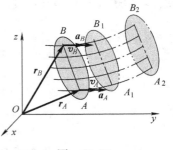

图　12-10

当刚体做平移时，只需给出刚体内任意一点的运动，就可以完全确定整个刚体的运动。这样，刚体平移问题就可看作为点的运动问题来处理。

例 12-4　荡木用两条等长的钢索平行吊起，如图 12-11 所示。钢索长为 l，长度单位为 m。当荡木摆动时，钢索的摆动规律为 $\varphi = \varphi_0 \sin \dfrac{\pi}{4} t$，其中 t 为时间，单位为 s；转角 φ_0 的单位为 rad。试求当 $t = 0\text{s}$ 和 $t = 2\text{s}$ 时，荡木中点 M 的速度和加速度。

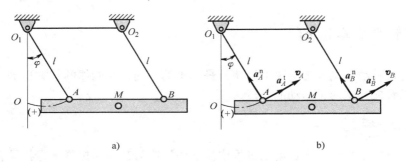

图　12-11

解：由于两条钢索 O_1A 和 O_2B 的长度相等，并且相互平行，于是荡木 AB 在运动中始终平行于直线 O_1O_2，故荡木做平移。

为求中点 M 的速度和加速度，只需求出点 A 的速度和加速度即可。点 A 做圆周运动，以最低点 O 为起点，规定弧坐标 s 向右为正，则点 A 的运动方程为

$$s = \varphi_0 l \sin \frac{\pi}{4} t \qquad (\text{a})$$

将上式对时间求导，得点 A 的速度大小

$$v = \frac{ds}{dt} = \frac{\pi}{4} l \, \varphi_0 \cos \frac{\pi}{4} t \qquad (\text{b})$$

再一次求导，得点 A 的切向加速度大小

$$a_t = \frac{dv}{dt} = -\frac{\pi^2}{16} l \, \varphi_0 \sin \frac{\pi}{4} t \qquad (\text{c})$$

点 A 的法向加速度大小

$$a_n = \frac{v^2}{l} = \frac{\pi^2}{16} l \, \varphi_0^2 \cos^2 \frac{\pi}{4} t \qquad (\text{d})$$

代入 $t = 0\text{s}$ 和 $t = 2\text{s}$，就可求得这两瞬时点 A 的速度和加速度，也就是点 M 在这两瞬时

的速度和加速度，计算结果见表 12-1。

表　12-1

t/s	φ/rad	$v/(\text{m/s})$	$a_\text{t}/(\text{m/s}^2)$	$a_\text{n}/(\text{m/s}^2)$
0	0	$\dfrac{\pi}{4}l\varphi_0$（水平向右）	0	$\dfrac{\pi}{16}l\varphi_0^2$（铅直向上）
2	$l\varphi_0$	0	$-\dfrac{\pi^2}{16}l\varphi_0$（方向与图示方向相反）	0

12.2.2　刚体的定轴转动

当刚体运动时，如果其上（或其延展部分）有一条直线始终保持不动，这种运动称为**刚体的定轴转动**，这条固定不动的直线称为**转轴**（图 12-12）。

由图 12-12 可知，转轴以外的各点都分别在垂直于转轴的平面内做圆周运动，圆心在该平面与转轴的交点上。

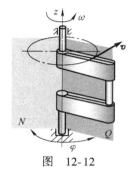

图　12-12

刚体的位置可由刚体与固定面的夹角 φ 完全确定。当刚体转动时，转角 φ 随时间 t 而变化，因而可表示为时间 t 的单值连续函数。刚体定轴转动的**运动方程**为

$$\varphi = f(t) \tag{12-32}$$

刚体定轴转动的运动方程对时间的一阶导数，称为刚体的**角速度**，以 ω 表示：

$$\omega = \frac{\mathrm{d}\varphi}{\mathrm{d}t} = \dot{\varphi} \tag{12-33}$$

角速度的大小表示刚体在该瞬时转动的快慢，其单位为 rad/s。角速度为代数量，从轴的正向向负向看，刚体逆时针转动时，ω 为正值，反之为负值。

角速度 ω 对时间的导数，称为**角加速度**，以 α 表示，故有

$$\alpha = \frac{\mathrm{d}\omega}{\mathrm{d}t} = \frac{\mathrm{d}^2\varphi}{\mathrm{d}t^2} = \ddot{\varphi} \tag{12-34}$$

角加速度表示单位时间内角速度的变化快慢，是代数量，正负符号的确定方法与角速度的相同，单位为 rad/s²。若 α 和 ω 符号相同，则刚体做加速转动。

若刚体做匀变速转动，有以下公式：

$$\omega = \omega_0 + \alpha t \tag{12-35}$$

$$\varphi = \varphi_0 + \omega_0 t + \frac{1}{2}\alpha t^2 \tag{12-36}$$

$$\omega^2 - \omega_0^2 = 2\alpha(\varphi - \varphi_0) \tag{12-37}$$

其中积分常数 φ_0 和 ω_0 是在初瞬时刚体的转角 φ 和角速度 ω 的值。

12.2.3　定轴转动刚体上点的速度和加速度

1. 定轴转动刚体上各点的速度

刚体做定轴转动时，其上任一条平行于转轴 z 的直线都在做平移，因此该直线上各点的运动完全相同，其轨迹为同样大小的圆弧，圆心都在转轴 z 上，如图 12-13a 所示。

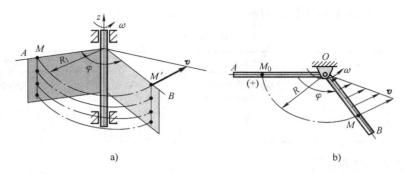

a)   b)

图　12-13

设刚体 OA 绕定轴 O 转过任意角到达 B 位置，刚体上的点 M_0 运动到 M，如图 12-13b 所示。以固定点 M_0 为弧坐标 s 的原点，图示 φ 角转角为正，s 为正向，则有

$$s = R\varphi \tag{12-38}$$

上式对时间 t 求导数，得

$$\dot{s} = R\dot{\varphi} \tag{12-39}$$

考虑到 $\dot{s} = v$，$\dot{\varphi} = \omega$，故有

$$v = R\omega \tag{12-40}$$

可知，**任一瞬时，定轴转动刚体上各点的速度大小与各点的转动半径成正比，方向沿轨迹的切线方向**，如图 12-14 所示。

2. 定轴转动刚体上各点的加速度

将式（12-40）对时间求导，可得点的切向加速度为

$$a_t = R\dot{\omega} = R\alpha \tag{12-41}$$

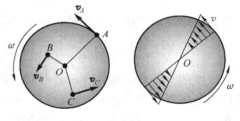

图　12-14

其法向加速度为

$$a_n = \frac{v^2}{\rho} = \frac{(R\omega)^2}{R} = R\omega^2 \tag{12-42}$$

则点的全加速度的大小为

$$a = \sqrt{a_t^2 + a_n^2} = \sqrt{R^2\alpha^2 + R^2\omega^4} = R\sqrt{\alpha^2 + \omega^4} \tag{12-43}$$

如图 12-15 所示，全加速度与半径 AO 的夹角 θ（恒取正值）可按下式求出：

$$\tan\theta = \frac{|a_t|}{a_n} = \frac{R|\alpha|}{R\omega^2} = \frac{|\alpha|}{\omega^2} \tag{12-44}$$

由上述公式可以得出，全加速度的大小与各点的转动半径成正比，其方向与转动半径的夹角却与转动半径无关，即**在任一瞬时，定轴转动刚体上各点的加速度与其转动半径的夹角 θ 都相同**，如图 12-15 所示。

例 12-5　摆式运输机是一种水平传送材料

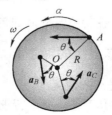
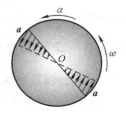

图　12-15

用的机械，图 12-16a 所示为摆式运输机的简化模型。摆杆 $O_1A = O_2B = r = 100\mathrm{cm}$，$O_1O_2 = AB$，已知 O_1A 与 O_1O_2 的夹角 $\theta = 60°$ 时，铰接在摆杆上的平板 CD 的端点 D 的加速度大小 $a_D = 100\mathrm{cm/s^2}$，方向平行于 AB 向左，试求此瞬时杆 O_1A 的角速度 ω 和角加速度 α 的大小。

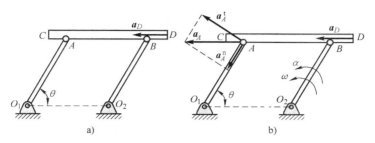

图　12-16

解：分析物体的运动特点可知，平板 CD 做平移，故 $\boldsymbol{a}_A = \boldsymbol{a}_D$。杆 O_1A 做定轴转动，因此将点 A 的加速度向垂直于摆杆 AO_1 方向以及摆杆 AO_1 方向投影，分别得到点 A 的切向加速度和法向加速度（图 12-16b）：

$$a_A^t = a_A\sin\theta = a_D\sin\theta = 100\sin 60°\mathrm{cm/s^2} = 50\sqrt{3}\,\mathrm{cm/s^2}$$
$$a_A^n = a_A\cos\theta = a_D\cos\theta = 100\cos 60°\mathrm{cm/s^2} = 50\,\mathrm{cm/s^2}$$

则摆杆 AO_1 转动的角速度和角加速度分别为

$$\omega = \sqrt{\frac{a_A^n}{r}} = \sqrt{\frac{50}{100}}\mathrm{rad/s} = \frac{\sqrt{2}}{2}\mathrm{rad/s}$$

$$\alpha = \frac{a_A^t}{r} = \frac{50\sqrt{3}}{100}\mathrm{rad/s^2} = \frac{\sqrt{3}}{2}\mathrm{rad/s^2}$$

例 12-6　如图 12-17 所示，滑轮的半径 $r = 0.2\mathrm{m}$，可绕水平轴 O 转动，轮缘上缠有不可伸长的细绳，绳的一端挂有物体 A，已知滑轮绕轴 O 的转动规律 $\varphi = 0.15t^3$，其中 t 以 s 计，φ 以 rad 计。试求 $t = 2\mathrm{s}$ 时轮缘上点 M 和物体 A 的速度和加速度。

解：根据滑轮的转动规律 $\varphi = 0.15t^3$，求得它的角速度和角加速度：

$$\omega = \dot{\varphi} = 0.45t^2, \quad \alpha = \ddot{\varphi} = 0.9t$$

代入 $t = 2\mathrm{s}$，得

$$\omega = 1.8\mathrm{rad/s}, \quad \alpha = 1.8\mathrm{rad/s^2}$$

轮缘上点 M 在 $t = 2\mathrm{s}$ 时的速度为

$$v_M = r\omega = 0.36\mathrm{m/s}$$

轮缘上点 M 在 $t = 2\mathrm{s}$ 时的加速度的两个分量，如图 12-17 所示：

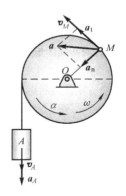

$$a_t = r\alpha = 0.36\mathrm{m/s^2}$$
$$a_n = r\omega^2 = 0.648\mathrm{m/s^2}$$

图　12-17

总加速度 a_M 的大小和方向分别为

$$a_M = \sqrt{a_t^2 + a_n^2} = 0.741 \text{m/s}^2$$

$$\tan\varphi = \frac{\alpha}{\omega^2} = 0.556, \quad \varphi = 29.1°$$

物体 A 与轮缘上点 M 的运动不同，前者做直线平移，而后者随滑轮做圆周运动。由于细绳不能伸长，且没有相对滑动，故物体 A 与点 M 的速度大小相等，A 的加速度与点 M 切向加速度的大小也相等，于是有

$$v_A = v_M = 0.36 \text{m/s}, \quad a_A = a_t = 0.36 \text{m/s}^2$$

方向如图 12-17 所示。

例 12-7　图 12-18 所示为一对外啮合的圆柱齿轮，分别绕固定轴 O_1 和 O_2 转动，两齿轮的节圆半径分别为 r_1 和 r_2。已知某瞬时主动轮 I 的角速度为 ω_1，角加速度为 α_1，试求该瞬时从动轮 II 的角速度 ω_2 和角加速度 α_2。为简便起见，本例的 ω_1、ω_2、α_1、α_2 都代表绝对值。

解：齿轮传动可简化为两轮以节圆相切并在切点处无相对滑动，因而两轮的啮合点 M_1 与 M_2 恒具有相同的速度与切向加速度，即

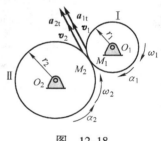

$$v_1 = v_2, \quad a_{1t} = a_{2t}$$

或

$$r_1\omega_1 = r_2\omega_2, \quad r_1\alpha_1 = r_2\alpha_2$$

因而从动轮的角速度和角加速度分别为

图　12-18

$$\omega_2 = \frac{r_1}{r_2}\omega_1, \quad \alpha_2 = \frac{r_1}{r_2}\alpha_1$$

显然，ω_2、α_2 的转向分别与 ω_1、α_1 相反。

思 考 题

12-1　点 M 做直线运动，运动方程为 $x = 12t - t^3$，式中 x 和 t 的单位分别为 cm 和 s，则点 M 在 $t = 0$ 到 $t = 3\text{s}$ 的时间间隔内走过的路程是多少？

12-2　动点由静止开始做平面曲线运动，设每一瞬时的切向加速度 $a_t = 2t(\text{m/s}^2)$，法向加速度 $a_n = t^4/3(\text{m/s}^2)$，则该点的运动轨迹是什么？

12-3　若某一瞬时刚体上各点的速度相等，是否可以判断该刚体必做平移，为什么？

12-4　平移刚体上的点的运动轨迹也可能是空间曲线，是否正确？

12-5　刚体做定轴转动时，若加速度为正值，则该刚体一定做加速转动，是否正确？

12-6　半径为 R 的圆盘绕垂直于盘面的 O 轴做定轴转动，其边缘上的一点 M 的加速度为 a，如图12-19 所示，三种情况下圆盘的角速度和角加速度大小分别是多少？

12-7　图 12-20 所示带轮传动结构中，I 轮的半径为 r，II 轮的半径为 $R = 2r$；I 轮以匀角速度 ω_1 绕 O_1 轴转动。若带与轮间无相对滑动，则带上 A、B、C、D 四点中，加速度最大的是哪个点？其加速度大小 a_{max} 为多少？

12-8　在图 12-21 所示机构中，已知：$O_1A = O_2B = l$，$O_1O_2 = AB$，$AC = 0.5BC$，O_1A、O_2B 与三角板铰

接，O_1A 以匀角速度 ω 转动。问：三角板 ABC 做什么运动？其角速度等于多少？三角板 BC 边中点 M 的速度和加速度各为多少？

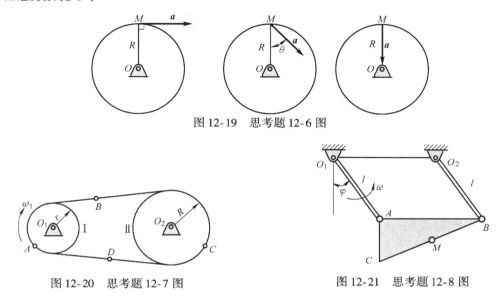

图 12-19　思考题 12-6 图

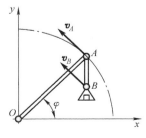

图 12-20　思考题 12-7 图

图 12-21　思考题 12-8 图

习　题

12-1　潜艇在水下潜航时，潜艇可能会遭遇浮力突然减少而急剧下沉，这种现象被形象地比喻为遭遇"水下断崖"。对新设计的潜艇进行"水下断崖"试验，若潜艇铅直下沉，其下沉速度为 $v = c(1 - e^{bt})$，式中 b、c 均为常数。试求潜艇下沉的距离随时间的变化规律，加速度与速度之间的关系。

12-2　为了减轻工人的劳动，现需要设计一个机构，把高温清洗的工件送入干燥炉内，机构原理图如图 12-22 所示，叉杆 $OA = 1.5\mathrm{m}$，在铅垂面内转动，杆 $AB = 0.8\mathrm{m}$，A 端为铰链，B 端有放置工件的框架。在机构运动时，初步拟定工件速度恒为 $0.05\mathrm{m/s}$，杆 AB 始终铅垂。设运动开始时，角 $\varphi = 0$。求运动过程中角 φ 与时间 t 的关系，并求点 B 的轨迹方程。

12-3　每个机械都有自己最佳的工作转速，食品机械也不例外，食品机械揉茶机的揉桶由三个曲柄支持，曲柄的支座 E、F、G 与支轴 e、f、g，如图 12-23 所示。三个曲柄长度相等，均为 $l = 150\mathrm{mm}$，并以相同的转速 $n = 45\mathrm{r/min}$ 分别绕其支座在图示平面内转动。求揉桶中心点 O 的速度和加速度。

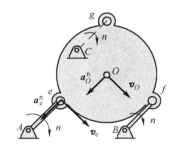

图 12-22　习题 12-2 图

图 12-23　习题 12-3 图

12-4 轧钢生产线，产品的输出速度要与输送速度协调。现有以生产线轧钢输送机构，其主要由驱动机构、辊子等机构组成，驱动轮 Ⅰ 和从动轮 Ⅱ 的半径分别为 $r_1 = 100$mm 和 $r_2 = 150$mm，钢板 AB 在摩擦力作用下做直线运动，如图12-24 所示。已知主动轮 Ⅰ 在某瞬时的角速度 $\omega_1 = 2$rad/s，角加速度 $\alpha_1 = 0.5$rad/s^2。求此时平板移动的速度和加速度，以及从动轮 Ⅱ 边缘上一点 C 的速度和加速度大小（设两轮与板接触处均无滑动）。

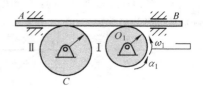

图 12-24 习题 12-4 图

12-5 摩擦轮传动是利用两个或两个以上互相压紧的轮子间的摩擦力传递动力和运动的机械传动。摩擦轮传动可分为定传动比传动和变传动比传动两类。传动比基本固定的定传动比摩擦轮传动，又分为圆柱平摩擦轮传动、圆柱槽摩擦轮传动和圆锥摩擦轮传动三种形式；变传动比摩擦轮传动易实现无级变速，并具有较大的调速幅度。机械无级变速器，多采用变传动。常见机构如打印机的搓纸机构、涡轮蜗杆结构、带转动结构等。如图12-25 所示，某机构的摩擦传动主动轮 Ⅰ 做 600r/min 的转动，其与轮 Ⅱ 的接触点按箭头所示的方向移动，距离 d 按规律 $d = (100 - 5t)$mm 变化（t 以 s 计）。已知摩擦轮的半径 $r = 50$mm，$R = 150$mm。求：（1）以距离 d 的函数表示 Ⅱ 的角加速度；

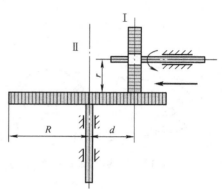

图 12-25 习题 12-5 图

（2）当 $d = r$ 时，轮 Ⅱ 边缘上一点的全加速度。

12-6 开发一款新车或质检中心对车辆进行质检，一般需要进行路况测试，信号采集器将路况信息输入到仪器，通过分析数据来判断该型车辆舒适程度以及振动特性等是否满足国家标准。若测试路段为凹凸不平的路面，地面波形近似为正弦曲线：$y = 0.04\sin\dfrac{\pi x}{20}$，其中 x、y 均以 m 计。设有一汽车沿 x 方向的运动规律为 $x = 20t$（x 以 m 计，t 以 s 计）。问汽车经过该段路面时，在什么位置加速度的绝对值最大？最大的加速度值是多少？

12-7 曲柄连杆机构的传统往复活塞式压缩机，其运动转换机构是指把曲轴的回转运动转化为活塞往复运动的机构，它对压缩机的结构尺寸、动力特性等有着重要影响。因此，往复活塞式压缩机的近代发展往往与运动转换机构的发展紧密联系在一起。

问题：往复活塞式压缩机机构及其简图如图12-26 所示，曲柄 OA 长 r，按规律 $\varphi = \varphi_0 + \omega t$ 转动（φ 以 rad 计，t 以 s 计），ω 为一常量。求滑道上点 B 的运动方程、速度方程及加速度方程。

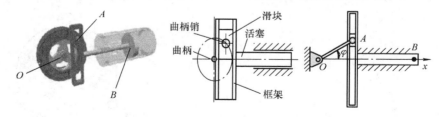

图 12-26 习题 12-7 图

12-8 摇杆滑道机构如图12-27 所示，滑块 M 同时在固定圆弧槽中和在摇杆的滑道中滑动。弧 BC 的半径为 R，摇杆 OA 的转轴在弧 BC 所在的圆周上。摇杆绕 O 轴以匀角速度转动，当运动开始时，摇杆在水平位置。试分别用直角坐标法和自然坐标法求滑块的运动方程，并求其速度及加速度。

12-9　火箭在距离雷达 l 处，如图 12-28 所示，地面观测人员观察竖直上升的火箭，观测角 $\theta = kt$，其中 k 为常数。求火箭的运动方程、速度、加速度。

12-10　如图 12-29 所示，半圆形凸轮以匀速 $v = 10\text{mm/s}$ 沿水平方向向左运动，活塞杆 AB 长 l 沿铅直方向运动。当运动开始时，活塞杆 A 端在凸轮的最高点上。若凸轮的半径 $R = 80\text{mm}$，求活塞 B 的运动方程和速度方程。

12-11　新型铸造飞轮一般需要进行试验，加速度过大会导致飞轮解体。现选择飞轮边缘上一点 M 进行研究，飞轮先

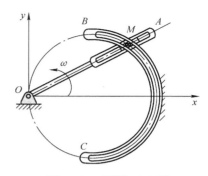

图 12-27　习题 12-8 图

以匀速 $v = 10\text{m/s}$ 运动，后因制动，该点以 $a_t = 0.1t(\text{m/s}^2)$ 做减速运动。设轮半径 $R = 0.4\text{m}$，求点 M 在减速运动过程中的运动方程及 $t = 2s$ 时的速度、切向加速度与法向加速度。

12-12　一个运动轿车按 $x = t^3 - 12t + 2$ 的规律沿直线运动（其中 t 要 s 计，x 以 m 计）。试求：（1）最初 3s 内的轿车位移。（2）轿车改变运动方向的时刻和所在位置。（3）最初 3s 内轿车经过的路程。（4）$t = 3s$ 时轿车的速度和加速度。

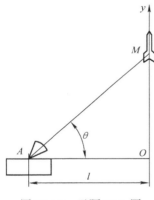

图 12-28　习题 12-9 图

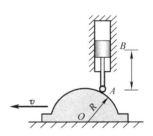

图 12-29　习题 12-10 图

第 13 章
点的合成运动

在第 12 章中，通过建立运动方程来分析物体的运动，这种方法是直接法（分析解法）。对运动的研究，还可以通过合成和分解的方法（矢量解法）进行分析。

同一物体的运动在不同参考系中有着不同的特征，即物体的运动具有相对性。例如，相对于日心参考系，行星的运动轨迹是圆或椭圆；相对于地心参考系，行星的运动轨迹则是较为复杂的曲线。又如，车床车削工件时（图 13-1），相对于固定于车床的参考系，工件的运动是匀速定轴转动，车刀的刀尖则是匀速直线运动，而相对于工件，车刀的刀尖则是做较为复杂的螺旋线运动。由此能了解到，可以通过几个简单运动的合成，得到比较复杂的运动，也可以将复杂的运动分解为几个简单运动。因此，只要掌握了同一物体在不同参考系中运动之间的联系，就可以通过合成和分解的方法来分析和设计物体的运动。运动合成与分解的方法广泛地用于工程实践，既能分析点的运动，也可以分析刚体的运动。

13.1　绝对运动、相对运动和牵连运动

当对物体的运动描述涉及两个参考系时，设其中一个为**基础参考系**，简称**定系**，将另一个相对于定系运动的参考系设为**动参考系**，简称**动系**。物体相对于定系的运动称为**绝对运动**，物体相对于动系的运动称为**相对运动**，动系相对于定系的运动称为**牵连运动**。本章主要讨论同一点在上述两个不同参考系中的运动，并给出点在这两个参考系中运动量之间的关系。在研究点的合成运动时，通常将所研究的点简称为**动点**。**动点、定系和动系应分别位于三个不同物体上，且相互之间都有相对运动。**

例如，车床车削工件（图 13-1a），车刀由刀架带动，沿工件的轴线方向平移，工件由夹头带动，绕轴线做定轴转动。若以车刀刀尖为动点，固连于机座的参考系为定系，固连于工件的参考系为动系，则动点的绝对运动（刀尖相对于机座的运动）为直线运动，动点的相对运动（刀尖相对于工件的运动）为螺旋线运动，牵连运动（工件相对于机座）为定轴转动。车削加工就是通过刀尖在工件上的相对运动达到机械加工的目的。又如，绘图仪（图 13-1b）滑杆沿滑槽平移，笔架带动绘图笔在滑杆上平移。若以绘图笔尖为动点，机座为定系，滑杆为动系，则相对运动为直线运动，牵连运动为直线平移，绝对运动为曲线运

动。绘图笔尖所绘制的曲线就是绝对运动轨迹，显然，笔尖所做的较复杂的曲线运动是由笔尖的直线运动和滑杆直线平移这两个简单运动合成的。

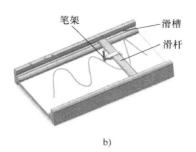

图　13-1

动点相对于定系运动的速度和加速度，称为**绝对速度**和**绝对加速度**，分别用v_a和a_a表示。动点相对于动系运动的速度和加速度，称为**相对速度**和**相对加速度**，分别用v_r和a_r表示。动点不仅相对于定系有运动，而且相对于动系也有运动，每一瞬时，在动系上都有一点与动点重合，且不同瞬时的重合点不同。将动系上与动点重合的点定义为**瞬时重合点**（也称牵连点），牵连点相对于定系的速度和加速度称为**牵连速度**和**牵连加速度**，分别用v_e和a_e表示。

例如，牛头刨床的摆杆机构可表示为图 13-2a 所示机构简图，曲柄 OA 绕轴 O 转动，通过滑块 A 带动摆杆 O_1B 绕 O_1 摆动。设滑块 A 为动点，定系固连于机座，动系固连在摆杆 O_1B 上，则 t 时刻（图 13-2b）摆杆 O_1B 上的点 A' 以及 t_1 时刻（图 13-2c）摆杆 O_1B 上的点 A''（点 A' 和点 A'' 都是摆杆 O_1B 上的点），分别为 t 时刻和 t_1 时刻的瞬时重合点。若 t_1 时刻摆杆的角速度为 ω_1，则此刻的牵连点 A'' 做以 O_1 为圆心、以 O_1A'' 为半径的圆周运动，牵连速度 $v_e = \omega_1 O_1 A''$

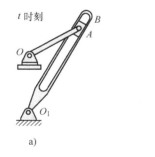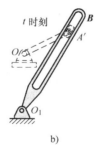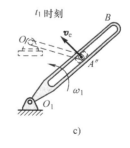

图　13-2

例 13-1　正弦机构的运动简图如图 13-3a 所示，曲柄 OA 以匀角速度 ω 绕轴 O 转动，导杆 BC 可沿铅垂轨道上下平移，试以点 A 为动点，定系固连于地面，动系固连于导杆上，分析动点的绝对运动、相对运动、牵连运动及其相应的运动速度和加速度。

解：绝对运动（图 13-3b）：相对于地面，点 A 做以 O 为圆心、以 OA 为半径的圆周运动，可以得到动点的绝对速度和绝对加速度；

相对运动（图 13-3c）：相对于动系（导杆 BC），点 A 在滑槽中做直线运动，可以得到

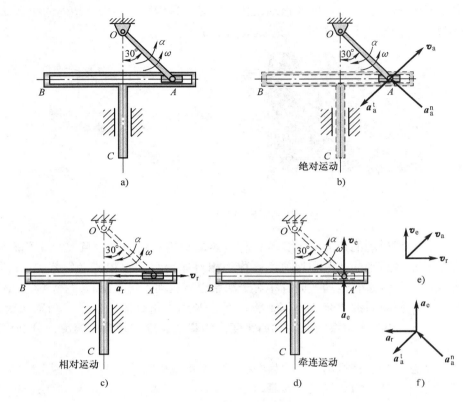

图　13-3

动点的相对速度v_r和相对加速度a_r；

　　牵连运动（图 13-3d）：滑槽（动系）相对于地面（定系）做直线平移，牵连点为A'（即滑槽上与动点A重合的点），可得牵连速度v_e和牵连加速度a_e；

　　最后可得速度矢量分析图（图 13-3e）和加速度矢量分析图（图 13-3f）。这个分析过程称为速度分析和加速度分析。

　　运动合成与分解的方法，是将复杂运动视为若干个简单运动的合成。动点和动系必须是不同的物体，若动点和动系选择恰当，则便于问题的求解。

　　例 13-2　如图 13-4a 所示的凸轮顶杆机构，已知凸轮以匀角速度ω绕轴O转动。为了研究平底顶杆AB的运动，试选择适当的动点与动系，并绘制速度分析图和加速度分析图。

　　分析：机座为定系。

　　动点和动系有三种选择方案：

　　1）选择平底顶杆上与凸轮的接触点M为动点，根据动点、动系为不同物体的原则，动系（$O'x'y'$）固连于凸轮上。其相对运动轨迹为虚线所示不规则的形状（图 13-4b）。

　　2）选择凸轮上与平底顶杆的接触点M'为动点，动系固连于平底顶杆上，其相对运动轨迹为虚线所示椭圆（图 13-4c）。

　　3）选择凸轮的形心点C为动点，动系固连于平底顶杆上，动点的相对运动轨迹为平行于顶杆底边的直线（图 13-4d）。显然，第三种方案的相对运动轨迹最为简单。

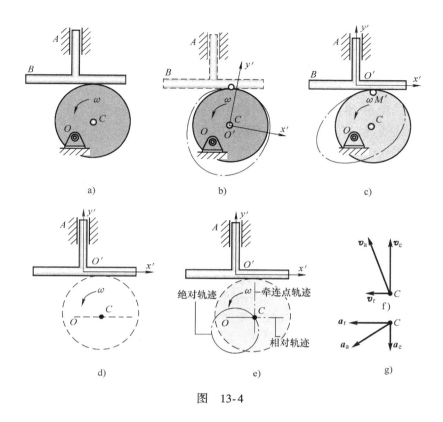

图　13-4

解：选取凸轮的形心点 C 为动点，动系固连于平底顶杆上。

绝对运动：动点 C 做以点 O 为圆心的圆周运动（图 13-4e 中绝对轨迹所示）。绝对速度 $\boldsymbol{v}_a$ 垂直于连线 OC，绝对加速度 $\boldsymbol{a}_a$ 方向沿 OC 指向点 O。

相对运动：动点 C 相对平底顶杆做水平直线运动（图 13-4e 中相对轨迹所示），相对速度 $\boldsymbol{v}_r$ 水平向左，相对加速度 $\boldsymbol{a}_r$ 方向沿该水平直线向左。

牵连运动：铅直方向的直线平移，牵连点为动系上的点 C'（固连在平底顶杆上的动系是一个无限扩大的空间，牵连点就是该瞬时这个空间上与动点重合的那个点 C'），牵连点随顶杆做直线运动（图 13-4e 中双点画线所示），牵连速度和牵连加速度均沿 y' 方向，从而得到该瞬时的速度分析图（图 13-4f）和加速度分析图（图 13-4g）。

由例 13-2 可知，动点、动系的选择应该遵循使动点的相对运动轨迹简单的原则。一般情况下，尽量使相对运动轨迹为直线或者是圆。

13.2　点的速度合成定理

绝对速度和相对速度都是动点的速度，它们之间的关系是这一节研究的内容。

设动点的相对运动轨迹为运动曲线 AB（图 13-5），在 t 瞬时，动点位于运动曲线 AB 上

的点 M 处。经过 Δt 时间后，曲线 AB 运动到新位置 $A'B'$，同时，动点沿弧线 MM' 运动到 M' 处，而 t 瞬时的牵连点 M_t 则随曲线 AB 运动至 M_1 处。在时间间隔 Δt 内，动点的绝对轨迹为弧线 MM'；动点的相对轨迹为弧线 M_1M'；t 瞬时的牵连点 M_1 的轨迹为弧线 MM_1。矢量 $\overrightarrow{MM'}$、$\overrightarrow{M_1M'}$ 和 $\overrightarrow{MM_1}$ 分别为在时间间隔 Δt 内动点的绝对位移、相对位移和牵连点的位移。根据矢量关系有

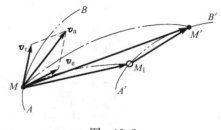

图 13-5

$$\overrightarrow{MM'} = \overrightarrow{MM_1} + \overrightarrow{M_1M'}$$

以 Δt 除等式的两边，并令 $\Delta t \to 0$ 取极限，得到

$$v_a = v_e + v_r \tag{13-1}$$

其中，绝对速度 v_a 沿动点的绝对轨迹 $\overparen{MM'}$ 在点 M 的切线方向，牵连速度 v_e 沿弧线 MM_1 在点 M 的切线方向，相对速度 v_r 沿曲线 AB 在点 M 的切线方向。

式（13-1）表明，**在任一瞬时，动点的绝对速度等于其牵连速度和相对速度的矢量和**，称为**点的速度合成定理**，其对应的平行四边形称为**速度平行四边形**。速度平行四边形可以向两个方向投影，有六个标量分量，**已知其中四个任意分量就可以求出另外两个分量**。注意：绝对速度是相对速度和牵连速度的矢量和，要按照矢量平行四边形法则进行投影计算。

在应用速度合成定理解题时，可按以下四个步骤进行：

（1）恰当选取动点和动系；

（2）分析三种运动；

（3）根据速度合成定理，做出速度平行四边形；

（4）根据速度平行四边形几何关系或者投影关系求解未知量。

例 13-3 曲柄摇杆机构（图 13-6），已知 $OA = OC = l = 20\text{cm}$，曲柄 OC 的角速度 $\omega_1 = 2\text{rad/s}$。试求在图示位置时摇杆 AB 的角速度 ω_2。

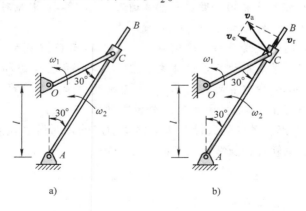

a)　　　　　　　　b)

图 13-6

解：（1）建立模型。

选择曲柄 OC 上的点 C 为动点，定系为机座，动参考系固连在摇杆 AB 上，这样动点和动系不在同一物体上，有相对运动产生，并且相对运动轨迹为沿 AB 的直线，符合选择动点

动系的原则。

（2）运动分析。

绝对运动：以 O 为圆心、OC 为半径的圆周运动；

相对运动：沿摇杆 AB 的直线运动；

牵连运动：摇杆 AB 的绕定轴转动。

本题要求解牵连速度 $\boldsymbol{v}_e$。

（3）速度分析。

速度	$\boldsymbol{v}_a$	$\boldsymbol{v}_e$	$\boldsymbol{v}_r$
方向	$\perp OC$	$\perp AC$	沿摇杆 AB
大小	$\omega_1 l$	未知	未知

其中，有两个要素未知。根据点的速度合成定理

$$\boldsymbol{v}_a = \boldsymbol{v}_e + \boldsymbol{v}_r$$

以 $\boldsymbol{v}_a$ 为对角线做出速度平行四边形（图13-6b）。

（4）求解角速度 ω_2。

由几何关系得

$$v_e = v_a \cos 30° = \omega_1 l \cos 30°$$

又有

$$v_e = \omega_2 AC = 2\omega_2 l \cos 30°$$

解得摇杆 AB 的角速度

$$\omega_2 = \frac{v_e}{2l\cos 30°} = \frac{\omega_1 l\cos 30°}{2l\cos 30°} = \frac{\omega_1}{2} = 1\,\text{rad/s}$$

例 13-4 水流在水轮机工作轮入口处的绝对速度 $v_a = 15\,\text{m/s}$，并与铅垂直径成 $\alpha = 60°$；工作轮的半径 $R = 2\,\text{m}$，转速 $n = 30\,\text{r/min}$（图13-7）。为避免水流与工作轮叶片相冲击，叶片应恰当地安装，以使水流对工作轮的相对速度与叶片相切。试求在工作轮外缘处水流相对于工作轮的速度的大小与方向。

解：（1）建立模型。

选取水滴 M 为动点，定系为机座，动系固连在工作轮上。

（2）运动分析。

绝对运动：曲线运动；

相对运动：沿叶片表面的曲线运动，相对速度与叶片曲面相切；

牵连运动：绕定轴转动，牵连点为叶片上与水滴重合的点 M，其速度方向垂直于叶轮半径。本题要求解相对速度。

（3）动点的速度分析。

绘制速度平行四边形（图13-7），其中有：

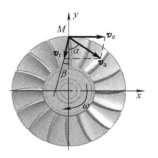

图 13-7

速度	$\boldsymbol{v}_a$	$\boldsymbol{v}_e$	$\boldsymbol{v}_r$
方向	已知	已知	与叶片相切，但角度未知
大小	$v_a = 15\,\text{m/s}$	已知	未知

$$v_e = \frac{Rn\pi}{30} = \frac{2 \times 30\pi}{30} \text{m/s} = 6.28 \text{m/s}$$

根据点的速度合成定理

$$\boldsymbol{v}_a = \boldsymbol{v}_e + \boldsymbol{v}_r$$

将上式分别向 x、y 轴投影，得到

$$\begin{cases} x: v_a\sin\alpha = v_e - v_r\sin\beta \\ y: v_a\cos\alpha = v_r\cos\beta \end{cases}$$

由此解得相对速度 $\boldsymbol{v}_r$ 的大小、方向分别为

$$v_r = \frac{v_a\cos\alpha}{\cos\beta} = \frac{15 \times \cos60°}{\cos41°48'} \text{m/s} = 10.06 \text{m/s}$$

$$\beta = \arctan\frac{v_e - v_a\sin\alpha}{v_a\cos\alpha} = 41.81°$$

例 13-5　摇杆 OC 通过固连在齿条 AB 上的销子 K 带动齿条上下平移，齿条又带动半径为 10cm 的齿轮绕 O_1 轴转动（图 13-8a）。已知在图示位置时，摇杆的角速度 $\omega = 0.5\text{rad/s}$，试求此时齿轮的角速度。

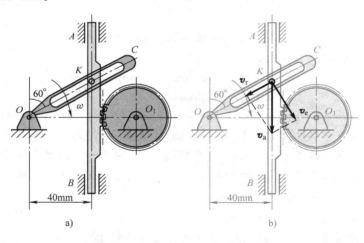

图　13-8

解：（1）建立模型。

选取销子 K 为动点，动系固连在摇杆 OC 上。

（2）运动分析。

绝对运动：点 K 沿 BK 的直线运动；

相对运动：点 K 沿 OC 的直线运动；

牵连运动：摇杆 OC 绕轴 O 的定轴转动。

（3）速度分析。

根据点的速度合成定理，有

$$\boldsymbol{v}_a = \boldsymbol{v}_e + \boldsymbol{v}_r$$

式中，各量的方向如图 13-8b 所示。其中已知

$$v_e = OK \cdot \omega = \left(\frac{40}{\cos 30°} \times 0.5\right) \text{mm/s} = \frac{40}{3}\sqrt{3}\,\text{mm/s}$$

做速度的平行四边形，由几何关系可得

$$v_a = \frac{v_e}{\sin 60°} = \left(\frac{40}{3\sin 60°}\sqrt{3}\right)\text{mm/s} = 26.7\,\text{mm/s}$$

齿条和齿轮的啮合点速度相等，则齿轮的角速度为

$$\omega_1 = \frac{v_a}{R} = \frac{26.7}{10}\text{rad/s} = 2.67\,\text{rad/s}$$

逆时针转向。

13.3　点的加速度合成定理

前面所讲述的速度合成定理，对于任何形式的牵连运动都是适用的。但加速度的问题比较复杂，与牵连运动的形式有关。

1. 牵连运动为平移时点的加速度合成定理

$$\boldsymbol{a}_a = \boldsymbol{a}_e + \boldsymbol{a}_r \tag{13-2}$$

式（13-2）表明，当**牵连运动为平移时，在任意瞬时，动点的绝对加速度等于它的牵连加速度与相对加速度的矢量和**（可参考相关证明）。同理，通过式（13-2）可以求解两个未知分量。

例 13-6　某小行程压力机的运动机构可简化为凸轮推杆机构（图 13-9a），凸轮圆心为点 C，半径为 R、偏心距为 e，以匀角速度 ω 绕 O 轴转动，并带动上模（P_1）沿滑槽上下移动，实现冲压。问图示瞬时上模的速度和加速度分别是多少？

解：（1）建立模型。

以凸轮的圆心点 C 为动点，定系为机座，动系固连于上模上。

（2）运动分析。

动点的绝对运动为以点 O 为圆心、以 e 为半径的圆周运动；相对运动为平行于 BD 边的直线运动；牵连运动为铅垂方向的平面平移。

（3）速度分析。

绘制速度平行四边形（图 13-9b），由速度合成定理：

$$\boldsymbol{v}_a = \boldsymbol{v}_e + \boldsymbol{v}_r$$

将上式分别向 y 轴投影，得到

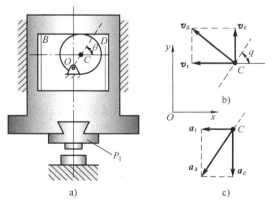

图　13-9

$$v_a \cos\theta = v_e$$

即上模的速度为 $v_e = v_a \cos\theta = e\omega\cos\theta$，速度方向如图 13-9b 所示。

(4) 加速度分析。

绘制加速度分析图（图 13-9c），由牵连运动为平移的加速度合成定理：

$$a_a = a_e + a_r$$

将上式分别向 y 轴投影，得到

$$-a_a \sin\theta = -a_e$$

即上模的加速度为 $a_e = a_a \sin\theta = e\omega^2 \sin\theta$，加速度方向如图 13-9c 所示。

例 13-7 凸轮在水平面上向右做减速运动（图 13-10a）。凸轮圆心为点 O，半径为 R，图示瞬时的速度和加速度分别为 v 和 a。求杆 AB 在图示位置时的加速度。

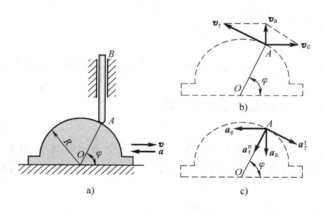

图 13-10

解：(1) 建立模型。

选取杆 AB 上的点 A 为动点，动系固连于凸轮上。

(2) 运动分析。

绝对运动：铅垂方向的直线运动；相对运动：沿凸轮轮廓的曲线运动；牵连运动：水平方向平面平移。

(3) 速度分析：

绘制速度分析图（图 13-10b），根据速度合成定理绘制速度平行四边形，由几何关系可以求得

$$v_r = \frac{v_e}{\sin\varphi} = \frac{v}{\sin\varphi}$$

(4) 加速度分析。

绘制加速度分析图（图 13-10c），其中各个加速度的方位能够确定，但除牵连加速度 a_e 已知大小外，其余三个加速度的大小均为未知。考虑其中相对法向加速度 a_r^n 的大小是可以通过速度分析求解出相对速度 v_r 后，由 $a_r^n = v_r^2 / R$ 求解，因此需要先进行速度分析。

由加速度合成定理：

$$a_a = a_e + a_r^n + a_r^t$$

将上式向 OA 投影，得

$$a_{\mathrm{a}}\sin\varphi = a_{\mathrm{e}}\cos\varphi + a_{\mathrm{r}}^{\mathrm{n}}$$

其中

$$a_{\mathrm{r}}^{\mathrm{n}} = \frac{v_{\mathrm{r}}^2}{R} = \frac{v^2}{\sin^2\varphi R}$$

解得

$$a_{\mathrm{a}} = \frac{1}{\sin\varphi}\left(a\cos\varphi + \frac{v^2}{\sin^2\varphi R}\right)$$

方向铅直向下。

2. 牵连运动为定轴转动时点的加速度合成定理

先看一个实例。一个半径为 r 的空心圆环以匀角速度 ω 绕轴 O 做定轴转动。一个大小不计的小球 M 在圆环内以匀速 v_{r} 相对圆环运动（图13-11）。

以点 M 为动点，动系固连于圆环。动点的相对运动为圆周运动，牵连运动为定轴转动。在任意瞬时，牵连速度的大小为 $v_{\mathrm{e}} = r\omega$，方向与相对速度 v_{r} 相同，这样，动点的绝对速度的大小为 $v_{\mathrm{a}} = r\omega + v_{\mathrm{r}}$，是一个常数。因此，点的绝对运动是半径为 r 的匀速圆周运动。则点的绝对加速度的大小为

$$a_{\mathrm{a}} = \frac{v_{\mathrm{a}}^2}{r} = \frac{(v_{\mathrm{r}} + r\omega)^2}{r} = \frac{v_{\mathrm{r}}^2}{r} + r\omega^2 + 2v_{\mathrm{r}}\omega$$

上式中，v_{r}^2/r 为动点的相对加速度，$r\omega^2$ 为动点的牵连加速度，可见，牵连运动为定轴转动时，动点的绝对加速度不仅与相对加速度和牵连加速度有关，还与附加加速度项有关。可以证明该附加项可由 $2\boldsymbol{\omega} \times \boldsymbol{v}_{\mathrm{r}}$ 确定。令

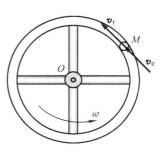

图 13-11

$$\boldsymbol{a}_{\mathrm{C}} = 2\boldsymbol{\omega} \times \boldsymbol{v}_{\mathrm{r}} \tag{13-3}$$

这是法国工程师科里奥利（Coriolis）在1832年研究水轮机时发现的，为了纪念他，将该加速度 $\boldsymbol{a}_{\mathrm{C}}$ 称为科里奥利加速度，简称科氏加速度。其中，$\boldsymbol{\omega}$ 为牵连运动的角速度矢量，$\boldsymbol{v}_{\mathrm{r}}$ 为相对速度矢量，$\boldsymbol{a}_{\mathrm{C}}$ 可以由右手法则确定其方向（图13-12）。这样，有

$$\boldsymbol{a}_{\mathrm{a}} = \boldsymbol{a}_{\mathrm{e}} + \boldsymbol{a}_{\mathrm{r}} + \boldsymbol{a}_{\mathrm{C}} \tag{13-4}$$

上式说明：**在任一瞬时，动点的绝对加速度等于在同一瞬时动点相对加速度、牵连加速度和科氏加速度的矢量和，即牵连运动为定轴转动时点的加速度合成定理。**可以证明，无论何种形式的牵连运动，式（13-4）都成立。当牵连运动为平移时，其角速度矢量 $\boldsymbol{\omega}$ 为零，则科氏加速度 $\boldsymbol{a}_{\mathrm{C}}$ 为零，式（13-4）就转化为式（13-2）。

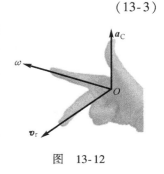

图 13-12

例13-8 插床急回机构中（图13-13a），OO_1 处于同一水平线，曲柄 $OA = 80\mathrm{mm}$，绕轴 O 逆时针匀速转动，转速为 $n = 90\mathrm{r/min}$，通过滑块 A 带动扇形齿轮的导杆 O_1C 绕轴 O_1 摆动，带动齿条 BE 上下往复运动，扇形齿轮的半径 $R = 100\mathrm{mm}$。图示瞬时，$\theta = \varphi = 30°$ 时，求此瞬时齿条 B 的速度和加速度。

解：（1）建立模型。

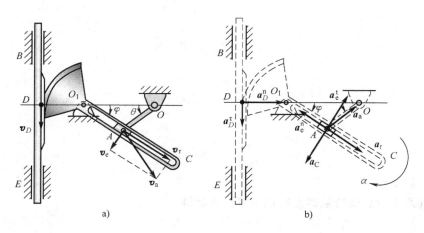

图 13-13

选取曲柄上的点 A 为动点，动系固连于导杆 O_1C 上。

（2）运动分析。

绝对运动：以 O 为圆心，以 OA 为半径的圆周运动；相对运动：沿导杆 O_1C 槽的直线运动；牵连运动：扇形齿轮绕 O_1 轴的定轴转动。

（3）速度分析。

曲柄 OA 的角速度

$$\omega = \frac{n\pi}{30} = \frac{90\pi}{30}\text{rad/s} = 3\pi\text{rad/s}$$

绘制动点的速度平行四边形（图 13-13a），由几何关系可知

$$v_e = v_a\cos60° = \omega \times OA \times \cos60° = （3\pi \times 80 \times \cos60°）\text{ mm/s} = 120\pi\text{mm/s}$$

$$v_r = v_a\sin60° = （3\pi \times 80 \times \sin60°）\text{ mm/s} = 120\sqrt{3}\pi\text{mm/s}$$

设导杆 O_1C 的转动角速度为 ω_1，可得

$$\omega_1 = \frac{v_e}{O_1A} = \frac{120\pi}{80}\text{rad/s} = 1.5\pi\text{rad/s}$$

齿条 BE 与扇形齿轮相啮合，在啮合处，齿条和齿轮啮合点的速度相等，因此有

$$v_{BE} = v_D = \omega_1 R = （1.5\pi \times 100）\text{mm/s} = 471.2\text{mm/s}$$

（4）加速度分析。

设导杆 O_1C 的转动角加速度为 α，绘制加速度分析图（图 13-13b），由于牵连运动为转动，由牵连运动为转动的加速度合成定理

$$\boldsymbol{a}_a = \boldsymbol{a}_r + \boldsymbol{a}_e^n + \boldsymbol{a}_e^t + \boldsymbol{a}_C$$

上式向 O_1C 垂线做投影，得到

$$a_a\cos30° = a_e^t - a_C \qquad\qquad （\text{a}）$$

其中

$$a_a = \omega^2 \times OA = [（3\pi）^2 \times 80]\text{mm/s}^2 = 720\pi^2\text{ mm/s}^2$$

$$a_C = 2\omega_1 v_r = (2 \times 1.5\pi \times 120\sqrt{3}\pi)\,\text{mm/s}^2 = 360\sqrt{3}\pi^2\,\text{mm/s}^2$$

$$a_e^t = \alpha \times O_1A$$

代入式（a），可得

$$\alpha = \frac{a_e^t}{O_1A} = \frac{(a_a\cos 30° + a_C)}{O_1A} = \frac{720\pi^2\cos 30° + 360\sqrt{3}\pi^2}{80}\,\text{rad/s}^2 = 9\sqrt{3}\pi^2\,\text{rad/s}^2$$

同样，齿条 BE 与扇形齿轮相啮合，在啮合处（图 13-13b），齿条和齿轮啮合点 D 的切向加速度相等，因此有

$$a_{BE} = a_D^t = \alpha R = (9\sqrt{3}\pi^2 \times 100)\,\text{mm/s}^2 = 15.4\,\text{m/s}^2$$

本章讨论的合成运动的分析方法，还可以用于刚体的运动分析。例如，汽车沿直线道路行驶（图 13-14a），以车轮为研究对象，以地表参考系为定系，以固连于车身的参考系为动系，则牵连运动为平面平移，相对运动为定轴转动，绝对运动为较为复杂的刚体运动，这种复杂的运动将在第 15 章中做详细介绍。又如，变速器中的行星锥齿轮的运动（图 13-14b），以行星锥齿轮为研究对象，若将动系固连于轴 OB 上，则绝对运动为定点运动（**定点运动：刚体或其延拓部分上有一点相对于参考系始终保持固定不动的运动**。这里的定点为轴线 OB 与 OA 的交点 O），相对运动和牵连运动都是定轴转动。

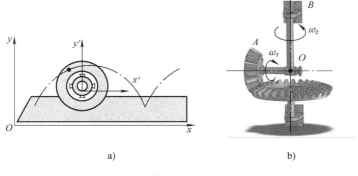

a)   b)

图 13-14

思 考 题

13-1 牵连点和动点有何不同？

13-2 动点的牵连运动是指动系相对于定系的运动。因此，是否能说动点的牵连速度、牵连加速度就是动参考系的速度、加速度？

13-3 不论牵连运动为何种运动，点的速度合成定理 $\boldsymbol{v}_a = \boldsymbol{v}_e + \boldsymbol{v}_r$ 皆成立。该命题正确与否？

13-4 图 13-15 中的速度平行四边形有无错误？如果有错，试改正错误。

13-5 为什么会出现科氏加速度？如何确定科氏加速度？

13-6 在什么情况下，科氏加速度为零？

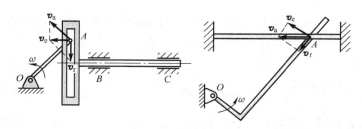

图 13-15 思考题 13-4 图

习 题

13-1 在图 13-16 所示各机构中，若已知杆 AB 的运动，试选择合适的动点动系，分析三种运动，绘制图示瞬时速度分析矢量图。

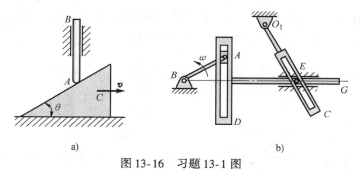

图 13-16 习题 13-1 图

13-2 半径为 R、偏心距为 e 的凸轮，以匀角速度 ω 绕 O 轴转动，并使滑槽内的直杆 AB 上下移动，如图 13-17 所示。在图示瞬时，O、A、B 在一条铅垂线上，轮心 C 与轴 O 在一条水平线上。试求该瞬时杆 AB 的速度。

13-3 如图 13-18 所示，销钉 D 的运动是由杆 AB 上的槽和一个在固定板上的槽引导的，板上的槽与铰链 A 的垂直距离为 $\frac{\sqrt{2}}{2}$m。已知此时刻，杆 AB 以 3rad/s 的角速度运动，角速度的方向为顺时针方向，试确定销钉 D 的速度。

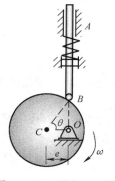

图 13-17 习题 13-2 图

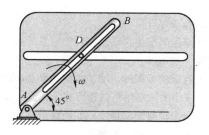

图 13-18 习题 13-3 图

13-4 在图 13-19 所示机构中，曲柄 AB 上的销钉 B 可以沿推杆 CD 的铅垂沟槽和推杆 EF 的水平沟槽滑动。已知 $AB=1\text{m}$，曲柄的角速度为 $\omega_1=10\text{rad/s}$。试确定当 $\theta=30°$ 时，推杆 CD 的速度。

13-5　BC 杆以匀速度 v 沿水平导槽运动，并通过套筒 C 带动 OA 杆绕 O 轴转动，如图 13-20 所示。求图示瞬时 OA 杆的角速度。

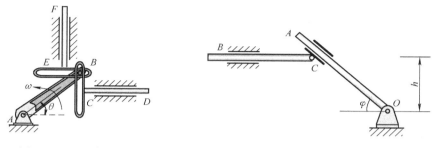

图 13-19　习题 13-4 图　　　　　　图 13-20　习题 13-5 图

13-6　图 13-21 所示一曲柄滑块机构，在滑块上有一圆弧槽，曲柄 $OP=4\text{cm}$。当 $\varphi=30°$ 时，曲柄 OP 的中心线与圆弧槽的中心弧线 MN 在 P 点相切，此时，滑块以速度 $v=0.4\text{m/s}$ 向左运动。试求在该瞬时曲柄 OP 的角速度 ω。

13-7　图 13-22 所示传动机构，固定在杆上的销钉 A 放置于槽板 EBD 的滑槽中。当杆 OC 转动时，通过杆 OC 上的销子 A 带动槽板 EBD 绕 B 摆动。在图示瞬时，杆 OC 的角速度 $\omega=2\text{rad/s}$，$BA\perp OC$，$AB=OA=l=15\text{cm}$，$\theta=45°$。试求该瞬时槽板 EBD 的角速度 ω_B。

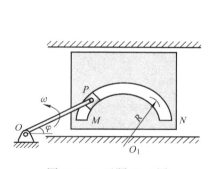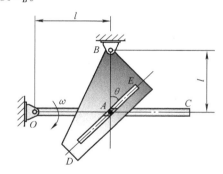

图 13-21　习题 13-6 图　　　　　　图 13-22　习题 13-7 图

13-8　如图 13-23 所示机构中，转臂 OA 以匀角速度绕 O 转动，转臂中有垂直于 OA 的滑道，DE 杆在滑道中相对滑动，其端 E 在水平面上滑动。图示瞬时 DE 垂直于地面，求此时 D 点的速度。（提示：D、E 两点相对于 AD 的速度相同，先分析点 E）

13-9　如图 13-24 所示机构中，DE 杆以匀速 v 沿铅垂滑道向下运动。在图示瞬时，OA 杆铅垂，OA∥ ED，$AB=BD=2r$。试求此时 OA 杆的角速度。

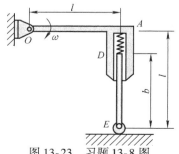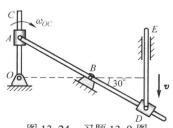

图 13-23　习题 13-8 图　　　　　　图 13-24　习题 13-9 图

13-10　如图 13-25 所示，曲柄 *OA* 长 0.4m，以等角速度 $\omega = 0.5$rad/s 绕 *O* 轴逆时针方向转动。由于曲柄的 *A* 端推动水平板 *B*，而使滑杆 *C* 沿铅直方向上升。求当曲柄与水平线间的夹角 $\theta = 30°$ 时，滑杆 *C* 的速度和加速度。

13-11　如图 13-26 所示，曲柄 *OA* 以匀角速度 ω 绕定轴 *O* 转动，丁字形杆 *BC* 沿水平方向往复平动，滑块 *A* 在铅直槽 *DE* 内运动，$OA = r$，曲柄 *OA* 与水平线夹角为 $\varphi = \omega t$，试求图示瞬时，杆 *BC* 的速度及加速度。

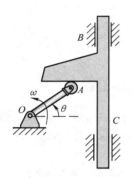
图 13-25　习题 13-10 图

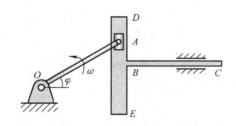
图 13-26　习题 13-11 图

13-12　在图 13-27 所示平面机构中，已知：$AD = BE = l$，且 *AD* 平行于 *BE*，*OF* 与 *CE* 杆垂直。当 $\varphi = 60°$ 时，*BE* 杆的角速度为 ω、角加速度为 α。试求此瞬时 *OF* 杆的速度与加速度。

13-13　具有半径为 $R = 0.2$m 的半圆形槽的滑块，以速度 $v_0 = 1$m/s，加速度 $a_0 = 2$m/s^2 水平向右运动，推动杆 *AB* 沿铅垂方向运动。试求在图 13-28 所示 $\varphi = 60°$ 时，*AB* 杆的速度和加速度。

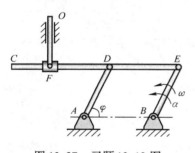
图 13-27　习题 13-12 图

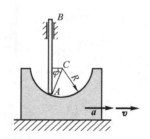
图 13-28　习题 13-13 图

13-14　如图 13-29 所示，杆 *AB* 以匀速 v 沿滑道向下运动，其一端 *B* 靠在直角杠杆 *EDO* 的 *ED* 边上，因而使杆绕导轨轴线上一点 *O* 转动。已知 $OD = b$，$DE = 2b$，求直角弯杆 *EDO* 上 *E* 点的速度和加速度（表示为 φ 的函数）。

13-15　曲杆 *OAB* 绕轴 *O* 转动，使套在其上的小环 *M* 沿固定直杆 *OC* 滑动，如图 13-30 所示。已知曲杆的角速度 $\omega = 0.5$rad/s，$OA = 100$mm，且 *OA* 和 *AB* 垂直。求当 $\varphi = 60°$ 时小环 *M* 的速度和加速度。

13-16*　图 13-31 所示机构中，已知半径为 *R*、偏心距 $O_1O = r$ 的偏心轮绕轴 O_1 以匀角速度 ω 转动，推动杆 *ACB* 运动，套筒 *D* 铰接在推杆 *ACB* 上，带动摆杆 O_2E 绕 O_2 转动。已知 $CD = l$，试求杆 O_2E 的角速度和角加速度。

13-17*　牛头刨床机构如图 13-32 所示。已知 $O_1A = 200$mm，角速度 $\omega_1 = 2$rad/s。求图示位置滑枕 *CD* 的速度和加速度。

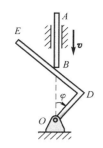

图 13-29 习题 13-14 图

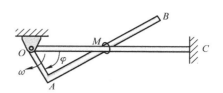

图 13-30 习题 13-15 图

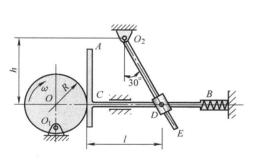

图 13-31 习题 13-16 图

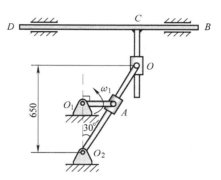

图 13-32 习题 13-17 图

第 14 章
刚体的平面运动

通过第 12 章的学习可知，平移刚体上各点的运动轨迹是相互平行的曲线，定轴转动刚体上各点的运动轨迹为垂直于转轴的平面内的圆。工程上还有几种较为复杂的刚体运动，其上各点的运动轨迹具有其他的特点。其中有一种刚体在运动过程中，**刚体上任意一个确定点到某一固定平面的距离始终保持不变**，称这样的运动为**平面运动**。例如，沿直线轨道滚动的车轮（图 14-1），通过观察不难发现，车轮上各点始终在与平面 I 平行的平面内运动。平面运动刚体上各点的运动轨迹是形状各异的平面曲线。例如，图 14-1 中车轮上的点 M 的运动轨迹为平面曲线，而点 C（车轮轮轴的轴心）的运动轨迹为直线。

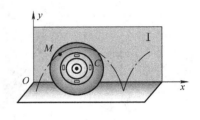

图　14-1

14.1　刚体平面运动的基本概念与分析方法

14.1.1　平面运动的简化

如图 14-2 所示，做平面运动的刚体，其上任意一个确定点到固定平面 I 的距离始终保持不变，这样，刚体上任意一条与固定平面 I 垂直的直线 A_1A_2 的运动都为平移。用平面 II（与固定平面 I 平行）将刚体截出截面 S，该截面称为平面运动刚体的**平面图形**。

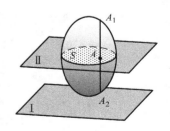

图　14-2

平面图形 S 与直线 A_1A_2 的交点为点 A，由于直线 A_1A_2 做平移，则该直线上所有的点与点 A 的运动完全相同，在同一时刻它们都具有相同的速度和加速度，因此研究点 A 的运动就可知直线 A_1A_2 上所有的点的运动。同理，平面图形 S 上其他的点也有和点 A 同样的作用，因此，对刚体的平面运动的研究，**可以简化为研究平面图**

形 S 在其自身平面内的运动。为使研究具有一般性，可以根据需要延拓平面图形。

14.1.2 平面图形运动的分析方法

平面图形在其平面内的位置可由其上任意一条有向线段 $\overrightarrow{AP}$ 的位置来确定（图 14-3）。而线段的位置则可由线段上任一点 A 的坐标 (x_A, y_A) 和线段与 x 轴间的夹角 φ 来确定。其中，点 A 称为**基点**，角 φ 称为**方位角**，即可以通过以下的平面运动方程来确定平面图形的运动：

$$x_A = f_1(t), \quad y_A = f_2(t), \quad \varphi = f_3(t) \tag{14-1}$$

在式（14-1）中，若转角 φ 为常量，刚体将随同点 A 做平移；若点 A 的坐标 x_A、y_A 为常量，则刚体将绕过点 A 且垂直于图形的转轴做定轴转动。由此可知，平面平移和定轴转动都是平面运动的特殊形式。

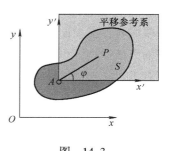

图 14-3

如图 14-4a 所示，连杆 A_1B_1 两端的滑块分别沿水平和铅垂滑槽移动，经过 Δt 时间间隔之后，连杆 A_1B_1 由位置 A_1B_1 平面运动位置 A_2B_2。这段时间内连杆的运动，可以视为两个运动的合成：连杆随点 A_1 平移到位置 A_2B_1'（图 14-4b），再绕点 A_2 转动到 A_2B_2（图 14-4c）。这里，点 A_1 是运动分析的基准点。于是，平面图形的运动就可以看成是**随同基点的平移和绕基点的转动**这两种运动的合成。

基点可任意选择，如图 14-4 所示，亦可以选择点 B_1 为基点，连杆的运动可以视为随点 B_1 平移到位置 $A_1'B_2$（图 14-4d），再绕点 B_2 转动到 A_2B_2（图 14-4e）。显然，基点不同，

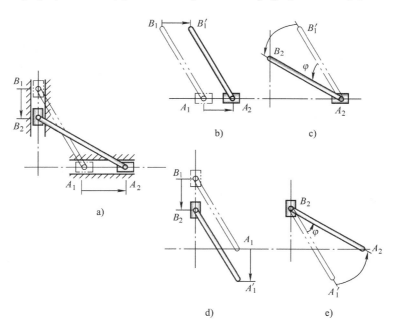

图 14-4

随基点的平移的速度和加速度也就不同，但无论对于哪个基点，平面图形绕基点转动的角速度 $\omega(\dot{\varphi})$、角加速度 $\alpha(\ddot{\varphi})$ 都是一样的（图 14-4c 与图 14-4e 的转角大小与转向均时时相同），故直接称其为**平面图形的角速度、角加速度**。

14.2   平面图形上点的速度分析

1. 速度合成法（基点法）

某瞬时，平面图形上点 A 的速度为 $\boldsymbol{v}_A$，平面图形的角速度为 ω（图 14-5）。通常，对于任意的平面运动，可以在基点 A 上建立**平移动参考系** $Ax'y'$（动系 $Ax'y'$ 随同点 A 做平移）。这样就可以运用点的速度合成定理求解图形上任一点 B 的速度。设点 B 的速度为 $\boldsymbol{v}_B$（绝对速度），点 B 的相对运动为相对点 A 的圆周运动，设相对速度 $\boldsymbol{v}_{BA}$，其大小为

$$\boldsymbol{v}_{BA} = \omega \cdot AB \qquad (14\text{-}2)$$

其方向垂直于 BA 连线而指向图形的转动方向。由于平动参考系是与点 A 固连的，因此牵连速度 $\boldsymbol{v}_e = \boldsymbol{v}_A$。由点的速度合成定理可得

$$\boldsymbol{v}_B = \boldsymbol{v}_A + \boldsymbol{v}_{BA} \qquad (14\text{-}3)$$

即**平面图形上任一点的速度等于基点的速度和与该点随图形绕基点转动速度的矢量和**。这种分析平面图形上点的速度的方法称为**速度合成法**，也称为**基点法**。

2. 速度投影法

将式（14-3）向 BA 连线所确定的轴上投影，由于 $\boldsymbol{v}_{BA}$ 的方向总是垂直于 BA 连线，其投影为零，则可得到

$$[\boldsymbol{v}_B]_{BA} = [\boldsymbol{v}_A]_{BA} \qquad (14\text{-}4)$$

式中，$[\boldsymbol{v}_B]_{BA}$、$[\boldsymbol{v}_A]_{BA}$ 分别表示 $\boldsymbol{v}_B$、$\boldsymbol{v}_A$ 在 BA 连线上的投影。若分别以 θ_B、θ_A 代表速度 $\boldsymbol{v}_B$、$\boldsymbol{v}_A$ 与 BA 连线间的夹角，上式亦可改写为

$$v_B \cos\theta_B = v_A \cos\theta_A \qquad (14\text{-}5)$$

即**平面图形上任意两点的速度在这两点连线上的投影相等**，称为**速度投影定理**。应该注意，在应用式（14-4）或式（14-5）时，其中的 A、B 应是同一刚体上的两个点。

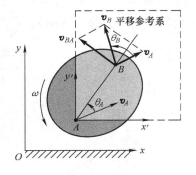

图 14-5

速度投影定理实际反映了刚体的基本特性，即刚体上任意两点间的距离保持不变。因此，它适用于刚体的一般运动。应用速度投影法求解平面图形上点的速度问题，有时是很方便的。但由于式（14-5）中各量没有涉及转动，故此定理不能直接用于求解平面图形的角速度。

3. 速度瞬心法

由式（14-3）可知，若点 A 的速度为零（即 $v_A = 0$），平面图形上任意一点 B 的速度则

可表达为

$$\boldsymbol{v}_B = \boldsymbol{v}_{BA} \tag{14-6}$$

上式表明，点 B 的速度大小 $v_B = \omega \cdot BA$，方向垂直于 BA 连线（图14-6a）。速度为零的点称**为瞬时速度中心**，简称为**速度瞬心**。同理，以速度瞬心 A 为基点，平面图形上点 D 的速度为 $\boldsymbol{v}_D = \boldsymbol{v}_{DA}$，其速度大小为 $\boldsymbol{v}_D = \omega \cdot DA$，方向垂直于 DA 连线（图14-6a）。点 B 和点 D 的速度大小均正比于这两点到速度瞬心的距离，且其方向均垂直于这两点到速度瞬心的连线，因此可知：**平面图形上任一点的速度就等于该点随图形绕速度瞬心转动的速度**，此时图形上各点速度的分布规律就如同绕瞬心做定轴转动一样（图14-6b，其中点 C_v 为速度瞬心），速度瞬心在速度矢的垂线上，各点速度的大小正比于该点至速度瞬心的距离。

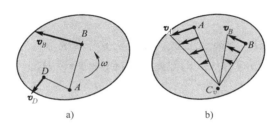

图 14-6

可以证明，**只要平面图形的角速度不为零，每一瞬时，在平面图形（或其延拓部分）上都唯一存在着一个速度瞬心。**

例14-1 车轮以速度 v_O 沿水平直线轨道行驶，车轮的半径为 r，在轨道上滚动而无滑动（即纯滚动），点 C 为此瞬时车轮上与轨道的接触点。如图14-7a所示。试运用基点法和速度瞬心法求轮缘上点 A（图示最高点）和点 B 的速度，并绘制直径 AC 上各点的速度的速度分布图。

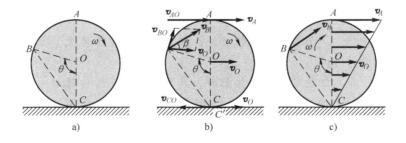

图 14-7

解：（1）应用基点法，须先求车轮角速度 ω。

1）以速度已知的轮心 O 为基点，有

$$\boldsymbol{v}_C = \boldsymbol{v}_O + \boldsymbol{v}_{CO}$$

其中，$v_{CO} = r\omega$，为点 C 相对于基点的速度，方向垂直于连线 OC 指向图形的转动方向。由于车轮在轨道上只滚不滑，则轮缘上与轨道相接触的点 C 与轨道接触点 C' 之间无相对滑动而具有相同的速度，即 $v_C = 0$。

将上式向水平方向投影，并将 $v_{CO} = r\omega$、$v_C = 0$ 代入，得

$$0 = v_O - r\omega$$

可得车轮角速度为顺时针方向，其大小为

$$\omega = \frac{v_O}{r}$$

2）求 A、B 两点速度。以轮心 O 为基点，点 A 的速度

$$\boldsymbol{v}_A = \boldsymbol{v}_O + \boldsymbol{v}_{AO}$$

其中，$v_{AO} = r\omega$，方向垂直于 AO 连线而指向图形的转动方向（与 $\boldsymbol{v}_O$ 一致），故得

$$v_A = v_O + v_{AO} = 2v_O$$

方向水平向右（图 14-7b）。同理，以轮心 O 为基点，点 B 速度

$$\boldsymbol{v}_B = \boldsymbol{v}_O + \boldsymbol{v}_{BO}$$

其中，$v_{BO} = r\omega$，垂直于 BO，指向右上方。做速度平行四边形，可得点 B 的速度方向。注意到 $v_{BO} = v_O$，设 $\boldsymbol{v}_B$ 与 $\boldsymbol{v}_O$ 的夹角为 β，由几何关系即得 $\beta = (\pi - \theta)/2$，则有

$$v_B = 2v_O\cos\beta = 2v_O\cos\frac{\pi - \theta}{2} = 2v_O\sin\frac{\theta}{2}$$

$\boldsymbol{v}_B$ 的方位与水平线夹角为 $\beta = (\pi - \theta)/2$。

（2）应用速度瞬心法。

车轮在轨道上纯滚动，车轮与轨道的接触点 C 的速度为零，点 C 是此瞬时的速度瞬心。由速度瞬心法，可知

$$\omega = \frac{v_O}{r}$$

$$v_A = \omega \cdot CA = 2v_O$$

$$v_B = \omega \cdot CB = 2v_O\sin\frac{\theta}{2}$$

连接 AC，直线 AC 上各点的速度大小正比于点到速度瞬心的距离，方向水平向右。各点速度方向如图 14-7c 所示。与基点法比较可知，瞬心法不仅计算简便，**还可直观了解平面运动图形上各点的速度分布**。

由本题可知，当车轮的轮缘与地面接触时，其速度为零，为该时刻的速度瞬心。在不同时刻，轮缘与地面接触点均为不同的点，因此速度瞬心并不是平面图形上的固定点，会随时间的变化而改变，即为"**瞬时**"的速度中心。

例 14-2 曲柄连杆机构如图 14-8a 所示，曲柄 OA 以匀角速度 ω 转动，滑块 B 沿连线 OB 移动。已知 $OA = r$，$AB = \sqrt{3}r$，C 是 AB 上一点，$BC = r$，试求当 $\varphi = 60°$、$90°$ 和 $0°$ 时，滑块 B 的速度以及连杆 AB 的角速度，并求 $\varphi = 0°$ 时，连杆 AB 上点 C 的速度。

解： 曲柄 OA 做定轴转动，连杆 AB 做平面运动，滑块 B 做直线平移。以连杆 AB 为研究对象，取点 A 为基点，设连杆 AB 顺时针转动，由基点法可知

$$\boldsymbol{v}_B = \boldsymbol{v}_A + \boldsymbol{v}_{BA} \tag{a}$$

其中，$v_A = \omega r$，速度方向垂直于杆 OA，点 B 的速度方向沿接触面切线方向。

（1）当 $\varphi = 60°$ 时，点 A 和点 B 的速度如图 14-8a 所示。由机构的尺寸和已知条件可知，

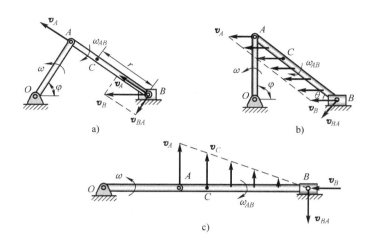

图 14-8

此时杆 OA 恰好与杆 AB 垂直。将式（a）向 AB 方向投影，可得

$$v_B = \frac{v_A}{\cos 30°} = \frac{2\sqrt{3}}{3}\omega r$$

将式（a）向 OA 方向投影，可得

$$v_{BA} = v_A \tan 30° = \frac{\sqrt{3}}{3}\omega r$$

又 $v_{BA} = BA \cdot \omega_{AB}$，所以连杆 AB 的角速度

$$\omega_{AB} = \frac{v_{BA}}{BA} = \frac{\sqrt{3}\omega r}{3\sqrt{3}r} = \frac{\omega}{3}$$

为顺时针转向。

（2）当 $\varphi = 90°$时，$\boldsymbol{v}_A$、$\boldsymbol{v}_B$的速度方向平行，如图 14-8b 所示，由式（14-5）可知

$$v_B = v_A$$

将式（a）向 OA 投影，容易知道

$$v_{BA} = BA \cdot \omega_{AB} = 0$$

即可得到

$$\omega_{AB} = 0$$

此时，由于 $\omega_{AB} = 0$，由基点法可知杆 AB 上所有的点的速度均与点 A 的速度相同（大小及方向均相同），也就是说此瞬时，平面图形上各点速度分布与刚体平移时的相同，这种运动状态称为**瞬时平移**。瞬时平移的平面图形仅仅是在这一瞬时其上各点的速度相同，但在其他瞬时则是不同的，而且即使在此瞬时，各点加速度并不一定相同。而平移刚体在每一瞬时其上各点速度都相同，加速度也相同。这是瞬时平移与平移的区别。

（3）当 $\varphi = 0°$时，点 A 和点 B 的速度方向如图 14-8c 所示。应用速度投影法

$$v_B \cos 0° = v_A \cos 90°$$

得到

$$v_B = 0$$

显然，应用速度投影法无法求解角速度。由于 $v_B = 0$ 可知此瞬时点 B 为杆 AB 的速度瞬心，根据速度瞬心法有

$$v_A = \omega_{BA} \cdot BA$$

可得

$$\omega_{AB} = \frac{v_A}{BA}$$

$$v_C = \omega_{AB} CB = \frac{v_A}{BA} CB = \frac{\omega r}{BA} CB = \frac{\sqrt{3}}{3} \omega r$$

进而可知，杆 AB 上任意一点 M 的速度都可以通过 $v_M = \omega_{AB} \cdot MB$ 求解，其大小正比于该点到点 B 的距离，如图 14-8c 所示。

14.3   速度瞬心位置的确定

用瞬心法分析平面图形上点的速度时，需要先确定速度瞬心的位置。一般有下面几种确定速度瞬心位置的方法：

1）平面图形沿一固定表面做无滑动的滚动（即纯滚动），例如火车的车轮（图 14-9）。此时，平面图形上与固定面的接触点 C 即为图形的速度瞬心。在该瞬时，点 C 与固定面接触点 C' 之间无相对滑动而具有相同的速度，故有 $v_C = 0$。

2）已知平面图形上 A、B 两点速度 $\boldsymbol{v}_A$、$\boldsymbol{v}_B$ 的大小及方向，且 $\boldsymbol{v}_A$ 与 $\boldsymbol{v}_B$ 相互平行。例如齿轮齿条机构，若 A、B 两点速度方向垂直于 A、B 两点连线，根据图 14-6b 所示的速度分布规律，速度瞬心在速度矢的垂线上，各点速度的大小正比于该点至速度瞬心的距离。因此，速度矢端的连线与 AB 的交点为速度瞬心（图 14-10a、b）。其中，若 $\boldsymbol{v}_A = \boldsymbol{v}_B$，可知速度矢端的连线与 AB 的交点在无穷远处，此瞬时，平面图形瞬时平移（图 14-10c）。

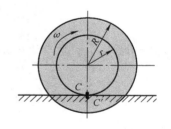

图   14-9

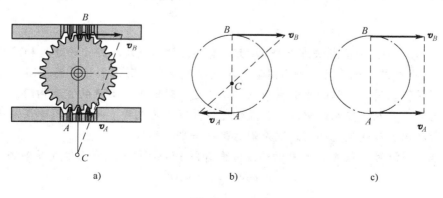

a)   b)   c)

图   14-10

3）已知平面图形上 A、B 两点速度 $\boldsymbol{v}_A$、$\boldsymbol{v}_B$ 的方向，且 $\boldsymbol{v}_A$、$\boldsymbol{v}_B$ 不相平行。按照图 14-6b 所示的速度分布规律，过 A、B 两点做 $\boldsymbol{v}_A$、$\boldsymbol{v}_B$ 的垂线，其交点即为图形在该瞬时的速度瞬心（图 14-11a）。可见，速度瞬心可以在刚体的延拓体上。

4）已知平面图形上 A、B 两点速度 $\boldsymbol{v}_A$、$\boldsymbol{v}_B$ 的方向相互平行，但不垂直于 A、B 两点连线，做两点速度矢量的垂线，其交点在无穷远处，此瞬时，平面图形瞬时平移（图 14-11b）。

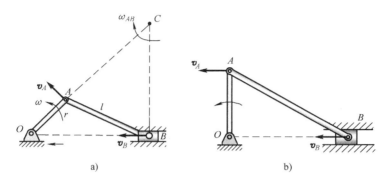

图　14-11

例 14-3　液压装置如图 14-12 所示，其中 AC 与 BC 等长，$\theta = 60°$。图示瞬时，点 A、B 位于同一水平位置上，如果液压杆以恒定速率 $v_C = 0.6\,\mathrm{m/s}$ 向左运动，试确定此时（1）连杆 ACB 的角速度；（2）滑块 B 的速度；（3）连杆 ACB 的端部 A 处的速度。

解：取杆 BC 为研究对象，杆 BC 做平面运动。由已知条件可知连杆 ACB 上点 C 与点 B 的速度方向，分别过点 B 与点 C 做 $\boldsymbol{v}_B$、$\boldsymbol{v}_C$ 的垂线，可确定速度瞬心 C_v，如图 14-12 所示。由结构尺寸可知

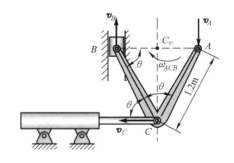

$$BC_v = AC_v = BC\sin 30° = 1.2\,\mathrm{m} \times 0.5 = 0.6\,\mathrm{m}$$

$$CC_v = BC\cos 30° = 1.2\,\mathrm{m} \times \frac{\sqrt{3}}{2} = 0.6\sqrt{3}\,\mathrm{m}$$

由速度瞬心法可知

图　14-12

$$(1)\quad \omega_{ACB} = \frac{v_C}{CC_v} = \frac{0.6}{0.6\sqrt{3}}\,\mathrm{rad/s} = \frac{\sqrt{3}}{3}\,\mathrm{rad/s}$$

$$(2)\qquad v_B = \omega_{ACB} \cdot BC_v = \left(\frac{\sqrt{3}}{3} \times 0.6\right)\mathrm{m/s} = \frac{\sqrt{3}}{5}\,\mathrm{m/s}\ （方向如图所示）$$

$$(3)\qquad v_A = \omega_{ACB} \cdot AC_v = \left(\frac{\sqrt{3}}{3} \times 0.6\right)\mathrm{m/s} = \frac{\sqrt{3}}{5}\,\mathrm{m/s}\ （方向如图所示）$$

例 14-4　平面机构如图 14-13 所示，曲柄 OA 以角速度 ω 绕 O 轴转动。已知 $OA = O_1D = a$、$BD = b$；在图示位置时，曲柄 OA 处于水平位置，夹角 $\varphi = 45°$。试求该瞬时连杆 AB、BD 和曲柄 O_1D 的角速度。

解：（1）连杆 AB 做平面运动。

该瞬时，A、B 两点的速度 v_A、v_B 方向平行且不垂直于 AB 连线，故连杆 AB 做瞬时平移，其角速度

$$\omega_{AB} = 0$$

B 点的速度

$$v_B = v_A = OA \cdot \omega = a\omega$$

（2）连杆 BD 做平面运动。

依据图 14-10a 所述方法，分别过 B、D 两点作 v_B、v_D 的垂线相交于点 C_v，点 C_v 即为连杆 BD 在该瞬时的速度瞬心。

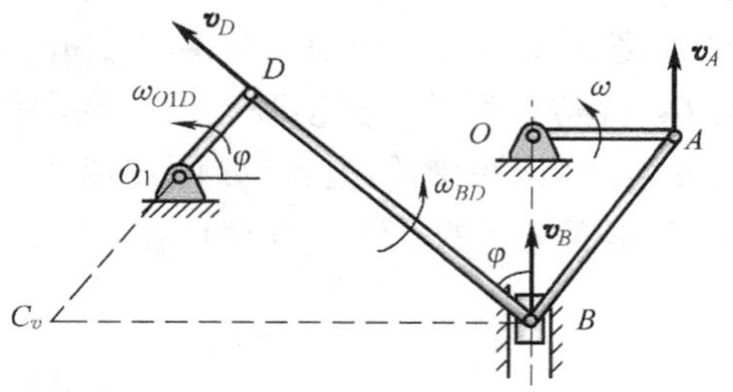

于是，连杆 BD 的角速度

$$\omega_{BD} = \frac{v_B}{C_v B} = \frac{a\omega}{\sqrt{2}b} = \frac{\sqrt{2}a\omega}{2b} \quad \text{（逆时针转向）}$$

D 点的速度

$$v_D = C_v D \cdot \omega_{BD} = b \times \omega_{BD} = \frac{\sqrt{2}a\omega}{2} \quad \text{（方向如图所示）}$$

（3）曲柄 $O_1 D$ 做定轴转动。

则曲柄 $O_1 D$ 的角速度

$$\omega_{O_1 D} = \frac{v_D}{O_1 D} = \frac{\frac{\sqrt{2}a\omega}{2}}{a} = \frac{\sqrt{2}\omega}{2}$$

图 14-13

14.4 平面图形上各点加速度分析的基点法

平面图形 S 在图示瞬时的角速度为 ω，角加速度为 α（图 14-14）。在其上任取一点 A 为基点，建立平移参考系 $Ax'y'$，以 Oxy 为定参考系。对于平面图形上的任一点 B 的加速度，由点的加速度合成定理，有

$$a_a = a_e + a_r$$

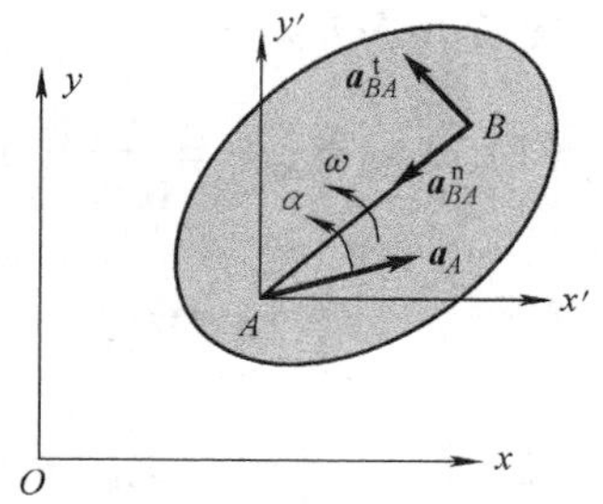

其中，

$$a_a = a_B, \quad a_e = a_A, \quad a_r = a_r^n + a_r^t = a_{BA}^n + a_{BA}^t$$

于是可以得到

$$a_B = a_A + a_{BA}^n + a_{BA}^t \tag{14-7}$$

其中，

$$a_{BA}^n = BA \cdot \omega^2, \quad a_{BA}^t = BA \cdot \alpha$$

图 14-14

式（14-7）表明，任一瞬时，平面图形上任一点的加速度等于基点的加速度与该点随图形绕基点转动的切向加速度和法向加速度的矢量和。

例 14-5　曲柄连杆碾子机构中（图 14-15a），曲柄 OA 以匀角速度 ω_O 绕 O 转动，$OA = r$，$AB = 2r$，点 O、B 位于同一水平位置。碾子半径为 r，沿水平固定面只滚不滑。求曲柄 OA 铅垂时碾子的角速度和角加速度。

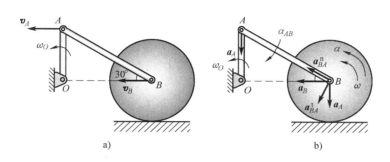

图　14-15

解：（1）速度分析。

在图 14-15a 所示位置，AB 杆上 A、B 两点的速度相互平行，可以判断杆 AB 做瞬时平移，于是可得

$$\omega_{AB} = 0, \quad v_B = v_A = \omega_O r$$

由于碾子做纯滚动，其速度瞬心为碾子与地面的接触点，因此其角速度为

$$\omega = \frac{v_B}{r} = \omega_O \quad （逆时针转向）$$

（2）加速度分析。先求出 B 点的加速度，设碾子的角加速度为 α，方向为逆时针转向。以杆 AB 为研究对象，选取点 A 为基点，设杆 AB 的角加速度为 α_{AB}，方向如图 14-15b 所示，则可得加速度分析图 14-15b。由速度合成定理可得 B 点的加速度为

$$\boldsymbol{a}_B = \boldsymbol{a}_A + \boldsymbol{a}_{BA}^n + \boldsymbol{a}_{BA}^t$$

其中，$a_{BA}^n = BA \cdot \omega_{AB}^2 = 0$，$a_A = \omega_O^2 \cdot r$，方向如图 14-15b 所示，将它们代入上式并向 AB 方向投影得

$$a_B \cos 30° = -a_A \cos 60°$$

得到点 B 的加速度为

$$a_B = -\frac{\sqrt{3}}{3} \omega_O^2 r$$

负号表示 $\boldsymbol{a}_B$ 与图中所设方向相反。

则碾子的角加速度为

$$\alpha = \frac{a_B}{r} = -\frac{\sqrt{3}}{3} \omega_O^2$$

转向与图示相反，为顺时针转向。

例 14-6　图 14-16a 所示机构的套筒 C 以 1m/s^2 的加速度向下运动。当杆 AB 铅垂的瞬时，套筒 C 的速度为 2m/s，确定此时连接件 CB、AB 的角速度和角加速度。

解：（1）求解连接件 CB 和 AB 的角速度。

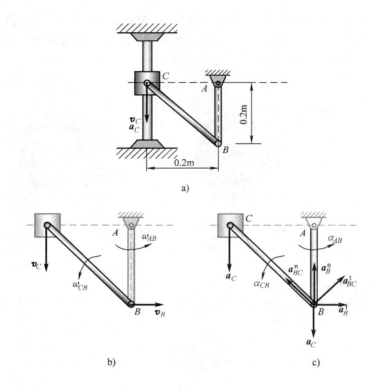

图 14-16

选取杆 BC 为研究对象，杆 BC 做平面运动。由点 C 和点 B 的速度方向可以确定杆 BC 的速度瞬心位于点 A 的位置（图 14-16b），则有

$$\omega_{BC} = \frac{v_C}{AC} = \frac{2}{0.2}\text{rad/s} = 10\text{rad/s}, \quad 逆时针$$

$$v_B = \omega_{BC} \cdot AB = (10 \times 0.2)\text{m/s} = 2\text{m/s}, 方向如图所示$$

杆 AB 做定轴转动，有

$$\omega_{AB} = \frac{v_B}{AB} = \frac{2}{0.2}\text{rad/s} = 10\text{rad/s}, \quad 逆时针$$

（2）加速度分析。

杆 AB 做定轴转动，设其角加速度为 α_{AB}。点 B 的加速度可以分解为 $\boldsymbol{a}_B^n$、$\boldsymbol{a}_B^t$，如图 14-16c 所示，且

$$a_B^n = \omega_{AB}^2 \cdot AB = (10^2 \times 0.2)\ \text{m/s}^2 = 20\text{m/s}^2$$

$$a_B^t = \alpha_{AB} \cdot AB = 0.2\alpha_{AB}$$

以杆 CB 为研究对象，杆 BC 做平面运动。以 C 为基点，有

$$\boldsymbol{a}_B^t + \boldsymbol{a}_B^n = \boldsymbol{a}_C + \boldsymbol{a}_{BC}^t + \boldsymbol{a}_{BC}^n \tag{a}$$

其中

$$a_C = 1\text{m/s}^2$$

$$a_{BC}^n = \omega_{BC}^2 \cdot BC = (10^2 \times 0.2\sqrt{2})\,\text{m/s}^2 = 20\sqrt{2}\text{m/s}^2$$

$$a_{BC}^{t} = \alpha_{BC} \cdot BC = 0.2\sqrt{2}\alpha_{BC}$$

将式（a）向 AB 方向投影，可得

$$a_{B}^{n} = \frac{\sqrt{2}}{2}a_{BC}^{n} + \frac{\sqrt{2}}{2}a_{BC}^{t} - a_{C}$$

代入数据得

$$\alpha_{BC} = 5\text{rad/s}^{2} \quad (逆时针)$$

将式（a）向 AB 垂线方向投影，可得

$$a_{B}^{t} = \frac{\sqrt{2}}{2}a_{BC}^{t} - \frac{\sqrt{2}}{2}a_{BC}^{n}$$

代入数据得

$$\alpha_{AB} = -95\text{rad/s}^{2} \quad (顺时针)$$

思 考 题

14-1　刚体的平动和刚体的瞬时平动有何异同？

14-2　平面运动刚体绕瞬心的转动和刚体绕定轴转动有何异同？

14-3　平面图形速度瞬心的速度为零，而加速度又等于速度对时间的一阶导数，所以速度瞬心的加速度也为零。这种说法是否正确？为什么？

14-4　如图 14-17 所示，杆 O_1A 的角速度为 ω_1，直角三角板 ABC 与杆 O_1A 在 A 处铰接。试问图中 O_1AC 上各点的速度分布规律正确与否？为什么？

14-5　判断图 14-18 所示的刚体上各点速度的方向是否可能？

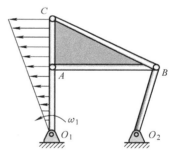

图 14-17　思考题 14-4 图

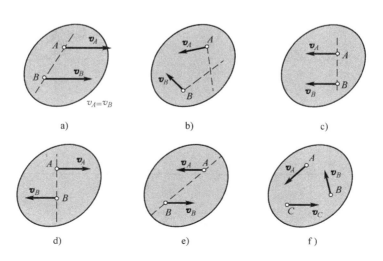

图 14-18　思考题 14-5 图

14-6 图 14-19 所示机构中各个构件的运动形式如何？连杆 AC 上点 A、点 C 及中点 M 的运动轨迹分别是什么？

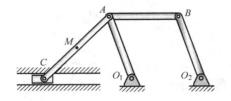

图 14-19 思考题 14-6 图

14-7 试确定图 14-20 所示各系统中做平面运动的构件在图示位置的速度瞬心。

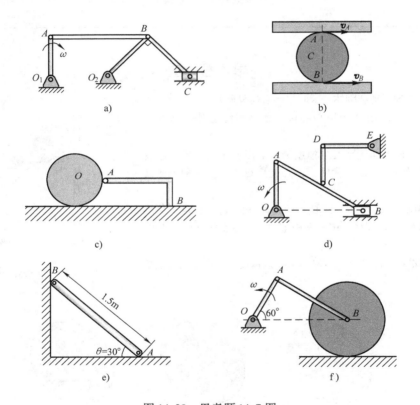

图 14-20 思考题 14-7 图

习 题

14-1 连杆机构如图 14-21 所示，当 $\theta = 60°$ 时，连动杆 AB 的角速度为 30rad/s。确定此时连杆 BC 和轮子 D 的角速度。

14-2　如图 14-22 所示，滚压机构的滚子沿水平方向做无滑动的滚动。已知曲柄 OA 长 15cm，绕 O 轴的转速 $n=60\text{r}/\min$；滚子的半径 $R=15\text{cm}$。在图示位置，曲柄与水平面的夹角为 $60°$，$OA\perp AB$，试求滚子的角速度和滚子中心点 B 的速度。

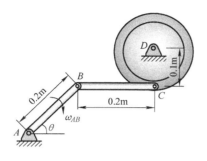
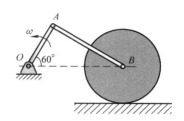

图 14-21　习题 14-1 图　　　　　　　图 14-22　习题 14-2 图

14-3　如图 14-23 所示，杆 AB 长 l，A 端以速度 u 沿水平地面运动，B 端贴着铅垂墙壁运动，试求图示瞬时 B 端的速度以及 AB 杆的角速度。

14-4　图 14-24 所示平面机构中，曲柄 $OA=100\text{mm}$，以角速度 $\omega=2\text{rad}/\text{s}$ 转动。连杆 AB 带动摇杆 CD，并拖动轮 E 沿水平面滚动。已知 $CD=3CB$，在图示位置时，A、B、E 三点恰在同一水平线上，且 $CD\perp ED$，试求此瞬时 E 点的速度。

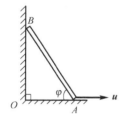
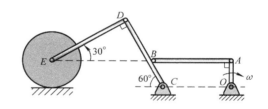

图 14-23　习题 14-3 图　　　　　　　图 14-24　习题 14-4 图

14-5　图 14-25 所示机构中，已知杆 AB 的角速度 $\omega_{AB}=4\text{rad}/\text{s}$，各杆长度如图所示，尺寸单位为 mm。确定此时滑块 C 的速度。

14-6　在双滑块摇杆机构中滑块 A 和 B 可沿水平导槽滑动，摇杆 OC 可绕定轴 O 转动，连杆 CA 和 CB 可在图 14-26 所示平面内运动，且 $CA=CB=l$。当机构处于图示位置时，滑块 A 的速度为 $\boldsymbol{v}_A$，试求该瞬时滑块 B 的速度 v_B 以及连杆 CB 的角速度 ω_{CB}。

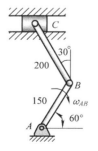
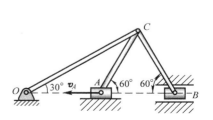

图 14-25　习题 14-5 图　　　　　　　图 14-26　习题 14-6 图

14-7 机构如图 14-27 所示，连杆 $AB = 0.375$m，半径为 $R = 0.5$m 的环齿轮 D 是固定齿轮，当连杆 AB 以 $\omega_{AB} = 10$rad/s 的角速度旋转时，试确定半径为 $r = 0.125$m 的齿轮 C 的角速度。若环齿轮 D 以 $\omega = 5$rad/s 逆时针旋转，同时连杆 AB 以 $\omega_{AB} = 10$rad/s 顺时针转动，试确定齿轮 C 的角速度。

14-8 图 14-28 所示连杆机构，曲柄 AB 和圆盘 CD 分别绕固定轴 A 和 D 转动。BCE 为三角板，B、C 为铰链连接。设圆盘以匀速 $n_0 = 40$r/min 顺时针转向转动，图中尺寸单位为 mm。试求图示位置时曲柄 AB 的角速度和三角板 BCE 上点 E 的速度。

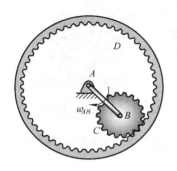

图 14-27 习题 14-7 图

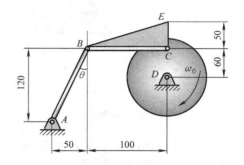

图 14-28 习题 14-8 图

14-9 在图 14-29 所示瓦特行星机构中，杆 O_1A 绕轴 O_1 转动，并借连杆 AB 带动曲柄 OB 绕轴 O 转动。齿轮 II 与连杆 AB 固连，齿轮 I 装在轴 O 上。已知 $r_1 = r_2 = 0.3\sqrt{3}$m、$O_1A = 0.75$m、$AB = 1.5$m；杆 O_1A 的角速度 $\omega_{O_1} = 6$rad/s。在图示位置，$\theta = 60°$，$\beta = 90°$，试求曲柄 OB 和齿轮 I 的角速度。

14-10 图 14-30 所示节圆为 $R = 0.3$m 齿轮放置在水平固定的齿条上，齿轮的内芯半径为 $r = 0.15$m，在内芯上缠绕一条绳子，绳子以 $v = 0.6$m/s 的恒定速度沿水平方向运动，试确定齿轮中心 C 点的速度。

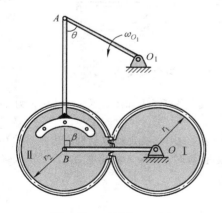

图 14-29 习题 14-9 图

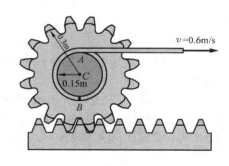

图 14-30 习题 14-10 图

14-11 平面机构如图 14-31 所示。已知 $OA = AB = BC = l$、$BD // OA$，杆 OA 的角速度为 ω。在图示位置时，$\theta = 30°$，O、B、C 三点位于同一水平线上。试求该瞬时滑块 C 的速度。

14-12 图 14-32 所示机构中，OB 线水平，当 B、D、F 在同一铅垂线上时，DE 垂直于 EF，OA 处于铅垂位置。已知 $OA = BD = DE = 100$mm，$EF = 100\sqrt{3}$mm，

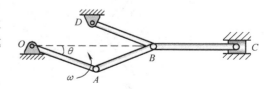

图 14-31 习题 14-11 图

$\omega = 4\text{rad/s}$。试求 EF 杆的角速度和 F 点的速度。

14-13 轮 O 在水平面上做纯滚动，如图 14-33 所示。轮缘上固定销钉 B，此销钉可在摇杆 O_1A 的槽内滑动，并带动摇杆绕轴 O_1 转动。已知轮心 O 的速度是一常量，$v_O = 0.2\text{m/s}$；轮的半径 $R = 0.5\text{m}$；图示位置时，O_1A 是轮的切线，摇杆与水平面的夹角为 $60°$。试求该瞬时摇杆 O_1A 的角速度。

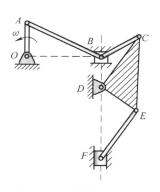
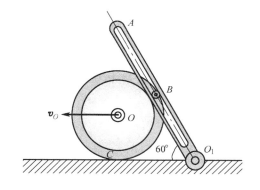

图 14-32 习题 14-12 图   图 14-33 习题 14-13 图

14-14 图 14-34 所示平面机构，AB 长为 l，滑块 A 可沿摇杆 OC 的长槽滑动。摇杆 OC 以匀角速度 ω 绕 O 轴转动，滑块 B 以匀速 $v = \omega l$ 沿水平导轨滑动。在图示瞬时，OC 铅直、AB 与水平线 OB 夹角为 $30°$，试求该瞬时 AB 杆的角速度。

14-15 使砂轮高速转动的装置如图 14-35 所示。杆 O_1O_2 绕 O_1 轴转动，转速为 n_4。O_2 处用铰链接一半径为 r_2 的活动齿轮 II，杆 O_1O_2 转动时轮 II 在半径为 r_3 的固定内齿轮上滚动，并使半径为 r_1 的轮 I 绕 O_1 轴转动。已知 $r_3/r_1 = 11$，$n_4 = 900\text{r/min}$，试求轮 I 的转速。

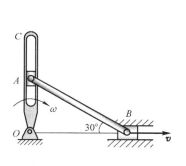
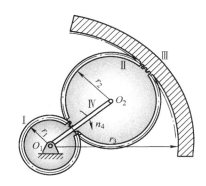

图 14-34 习题 14-14 图   图 14-35 习题 14-15 图

14-16 在图 14-36 所示椭圆规机构中，已知：$OC = AC = CB = R$，曲柄 OC 以匀角速度 ω 转动。试用刚体平面运动方法求 $\varphi = 45°$ 时，滑块 B 的速度及加速度。

14-17 半径为 R 的圆盘沿水平地面做纯滚动，细杆 AB 长为 L，杆端 B 可沿铅垂墙滑动。在图 14-37 所示瞬时，已知圆盘的角速度 ω，角加速度为 α，杆与水平面的夹角为 θ。试求该瞬时杆端 B 的速度和加速度。

14-18 在图 14-38 所示平面机构中，滑块 A 以匀速 v 沿水平直线运动。已知 $AB = BC = l$。在图示位置时，BC 为铅垂位置。试求该瞬时：（1）杆 BC 的角加速度。（2）铰链 B 的加速度。

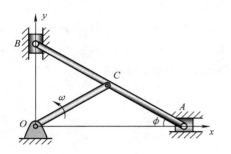

图 14-36　习题 14-16 图

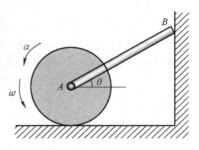

图 14-37　习题 14-17 图

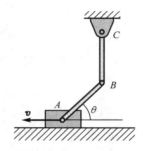

图 14-38　习题 14-18 图

第 15 章
刚体动力学

　　动力学研究物体的运动变化与作用在物体上的力之间的关系。动力学普遍定理包括动量定理、动量矩定理和动能定理，从不同的侧面揭示了质点以及质点系的运动变化与作用力之间的关系；可用以求解质点和质点系的动力学问题。

　　本章主要介绍动量定理、动量矩定理、动能定理以及动力学综合问题。

15.1　动量定理

　　首先我们来看两个案例。

　　案例 1　2009 年 1 月，美国一架 A320 客机起飞时因遭遇鸟群袭击，导致其在 900m 低空双发动机停车，最终成功迫降哈德逊河，这一事件让许多人认识到了撞鸟对飞机的危害。北京时间 2013 年 6 月 4 日上午，中国国际航空公司由成都飞往广州的航班，被飞鸟撞扁机头（图 15-1）。飞鸟撞上飞机后的冲击力有多大呢？

　　案例 2　图 15-2 所示为牛顿摆，为什么摆球可以来回摆动？它的原理又是什么呢？

图　15-1　　　　　　　　　　　　　　　　图　15-2

15.1.1　动量

　　质点机械运动的强度不仅与质点的速度有关，而且与质点的质量有关。因此，定义质点的质量与速度的乘积为动量 $m\boldsymbol{v}$，来表征质点的运动强度。动量是矢量，其方向与速度的方向相同，单位为 kg·m/s。

质点系的动量为质点系内各质点动量的矢量和，记作

$$\boldsymbol{p} = \sum_{i=1}^{n} (m_i \boldsymbol{v}_i) \tag{15-1}$$

式中，m_i、$\boldsymbol{v}_i$ 分别为第 i 个质点的质量与速度。

如图 15-3 所示，设质点系中任意质点 i 的矢径为 $\boldsymbol{r}_i$，则该质点的速度 $\boldsymbol{v}_i = \dfrac{\mathrm{d}\boldsymbol{r}_i}{\mathrm{d}t}$（图中画出了两个质点 i、j 的矢径和速度）。则质点系质心 C 的矢径为

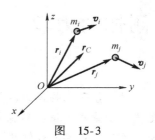

图 15-3

$$\boldsymbol{r}_C = \frac{\sum (m_i \boldsymbol{r}_i)}{\sum m_i} \tag{15-2}$$

代入式（15-1）得

$$\boldsymbol{p} = \sum_{i=1}^{n} (m_i \boldsymbol{v}_i) = \sum \left(m_i \frac{\mathrm{d}\boldsymbol{r}_i}{\mathrm{d}t} \right) = \frac{\mathrm{d}}{\mathrm{d}t} \sum (m_i \boldsymbol{r}_i) = \frac{\mathrm{d}}{\mathrm{d}t} (m \boldsymbol{r}_C) = m \boldsymbol{v}_C \tag{15-3}$$

式中，$\boldsymbol{v}_C$ 为质点系质心的速度。上式表明，**质点系的动量等于质点系全部质量与质心速度的乘积，方向与质心速度相同**。此式使质点系动量的计算大为简化。

例 15-1 求图 15-4 所示各均质物体的动量，设各物体的质量皆为 m，$\boldsymbol{v}_C$ 为质心速度，ω 为角速度。

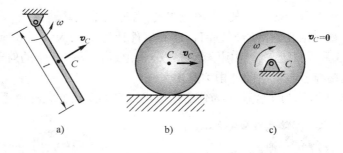

a)   b)   c)

图 15-4

解：研究图 15-4a：细杆质量为 m，其质心的速度大小 $\boldsymbol{v}_C = \dfrac{l}{2}\omega$，则动量大小 $p = mv_C = ml\omega/2$，方向与 $\boldsymbol{v}_C$ 相同。

研究图 15-4b：圆轮质量为 m，其质心的速度为 $\boldsymbol{v}_C$，动量大小 $p = mv_C$，方向与 $\boldsymbol{v}_C$ 相同。

研究图 15-4c：圆轮质量为 m，其质心的速度为 $\boldsymbol{v}_C = \boldsymbol{0}$，动量大小 $p = mv_C = 0$。

15.1.2 冲量

物体的运动变化不仅与作用力的大小和方向有关，而且与作用时间的长短有关。力与其作用时间的乘积定义为**力的冲量**，用 $\boldsymbol{I}$ 表示。

1. 常力的冲量

$$\boldsymbol{I} = \boldsymbol{F}t \tag{15-4}$$

冲量是矢量，其方向与力的方向一致，单位是 N·s。

2. 变力的冲量

若作用力 $\boldsymbol{F}$ 是变量，在较小时间间隔 $\mathrm{d}t$ 内，力 $\boldsymbol{F}$ 可视为常量，变力 $\boldsymbol{F}$ 在 $\mathrm{d}t$ 时间间隔内的冲量称为变力 $\boldsymbol{F}$ 的元冲量，即 $\mathrm{d}\boldsymbol{I} = \boldsymbol{F}\mathrm{d}t$，对其积分，即得变量 $\boldsymbol{F}$ 在作用时间段 $\Delta t = t_2 - t_1$ 内的冲量：

$$\boldsymbol{I} = \int_{t_1}^{t_2} \boldsymbol{F}\mathrm{d}t \tag{15-5}$$

15.1.3　动量定理

1. 质点的动量定理

设质点的质量为 m，受力 $\boldsymbol{F}$ 的作用，由质点动力学基本定理有

$$m\boldsymbol{a} = m\frac{\mathrm{d}\boldsymbol{v}}{\mathrm{d}t} = \frac{\mathrm{d}(m\boldsymbol{v})}{\mathrm{d}t} = \boldsymbol{F} \tag{15-6}$$

或者

$$\mathrm{d}(m\boldsymbol{v}) = \boldsymbol{F}\mathrm{d}t = \mathrm{d}\boldsymbol{I} \tag{15-7}$$

式（15-6）或式（15-7）称为**质点的动量定理的微分形式**，即质点动量的增量等于作用于质点上的力的元冲量，将式（15-7）积分，有

$$m\boldsymbol{v}_2 - m\boldsymbol{v}_1 = \int_{t_1}^{t_2} \boldsymbol{F}\mathrm{d}t = \boldsymbol{I} \tag{15-8}$$

式（15-8）为质点**动量定理的积分形式**，即在某一时间间隔内，质点动量的变化等于作用于质点的力在此段时间内的冲量。

2. 质点系的动量定理

设质点系由 n 个质点组成，如图 15-5 所示，其中第 i 个质点的质量和速度分别为 m_i、$\boldsymbol{v}_i$，外界物体对该质点的作用力为 $\boldsymbol{F}_i^{(\mathrm{e})}$，称为**外力**。质点系内其他质点对该质点的作用力为 $\boldsymbol{F}_i^{(\mathrm{i})}$，称为**内力**。

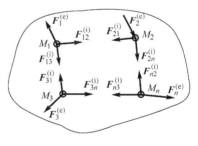

图　15-5

根据式（15-7）有

$$\mathrm{d}(m_i\boldsymbol{v}_i) = (\boldsymbol{F}_i^{(\mathrm{e})} + \boldsymbol{F}_i^{(\mathrm{i})})\mathrm{d}t = \boldsymbol{F}_i^{(\mathrm{e})}\mathrm{d}t + \boldsymbol{F}_i^{(\mathrm{i})}\mathrm{d}t$$

这样的方程共有 n 个，将 n 个这样的方程相加，得

$$\sum_{i=1}^{n} \mathrm{d}(m_i\boldsymbol{v}_i) = \sum_{i=1}^{n} \boldsymbol{F}_i^{(\mathrm{e})}\mathrm{d}t + \sum_{i=1}^{n} \boldsymbol{F}_i^{(\mathrm{i})}\mathrm{d}t$$

由于质点系内质点相互作用的力总是等值、反向地成对出现，则有 $\sum \boldsymbol{F}_i^{(\mathrm{i})}\mathrm{d}t = \boldsymbol{0}$，由此得到

$$\mathrm{d}\boldsymbol{p} = \sum \boldsymbol{F}_i^{(\mathrm{e})}\mathrm{d}t = \sum \mathrm{d}\boldsymbol{I}_i^{(\mathrm{e})} \tag{15-9}$$

式（15-9）为质点**系动量定理的微分形式**，即质点系动量的增量等于作用于质点系的**外力的元冲量的矢量和**。

式（15-9）也可以写成

$$\frac{\mathrm{d}\boldsymbol{p}}{\mathrm{d}t} = \sum \boldsymbol{F}_i^{(\mathrm{e})} \tag{15-10}$$

即质点系动量对时间的导数等于作用于质点系的外力的矢量和。具体运用时，通常取其投影式：

$$\frac{\mathrm{d}p_x}{\mathrm{d}t} = \sum F_{ix}^{(e)}, \quad \frac{\mathrm{d}p_y}{\mathrm{d}t} = \sum F_{iy}^{(e)}, \quad \frac{\mathrm{d}p_z}{\mathrm{d}t} = \sum F_{iz}^{(e)} \tag{15-11}$$

下面我们用一组数据来分析飞鸟撞击飞机的冲击力，设鸟的质量为 1.0kg，鸟与飞机相撞面积为 $S = 0.01\text{m}^2$，相撞前鸟的速度为 10m/s，飞机飞行速度为 400m/s，飞鸟撞击后与飞机速度相同，撞击时间为 10^{-4}s，取鸟为研究对象，根据动量定理 $\boldsymbol{F} \cdot t = m(\boldsymbol{v}_2 - \boldsymbol{v}_1)$ 得 $F = 3.9 \times 10^6\text{N}$，撞击表面产生的压强为 $p = F/S = 3.9 \times 10^8\text{Pa}$，此处的冲击力是平均力，峰值时的冲击力则会更大，这样巨大的压强造成机毁鸟亡的结果是不稀奇的。

例 15-2 图 15-6 所示为工程中常见的电动机，其外壳用螺栓固定在水平基础上，定子和机壳的质量为 m_1，转子质量为 m_2。设定子的质心位于转轴的中心 O_1，但由于制造误差，转子的质心 O_2 到 O_1 的距离为 e。已知转子匀速转动，角速度为 ω。求电动机所受螺栓的水平及铅垂约束力。

解：取电动机外壳与转子组成质点系，基础的约束力 $\boldsymbol{F}_x$、$\boldsymbol{F}_y$ 和约束力偶 M_O，受力分析如图所示。设 $t = 0$ 时，O_1O_2 水平，有 $\varphi = \omega t$。由动量定理的投影式 (15-11)，得

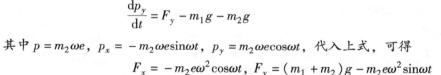

图　15-6

$$\frac{\mathrm{d}p_x}{\mathrm{d}t} = F_x$$

$$\frac{\mathrm{d}p_y}{\mathrm{d}t} = F_y - m_1 g - m_2 g$$

其中 $p = m_2 \omega e$，$p_x = -m_2 \omega e \sin\omega t$，$p_y = m_2 \omega e \cos\omega t$，代入上式，可得

$$F_x = -m_2 e \omega^2 \cos\omega t, \quad F_y = (m_1 + m_2)g - m_2 e \omega^2 \sin\omega t$$

电动机不转时，基础只有向上的约束力 $(m_1 + m_2)g$，可称为**静约束力**；电动机转动时的基础约束力可称为**动约束力**。动约束力与静约束力的差值是由系统运动而产生的，可称为附加**动约束力**。此例中，由于转子偏心而引起的在 x 方向附加动约束力 $-m_2\omega^2 e\sin\omega t$ 和 y 方向附加动约束力 $m_2\omega^2 e\cos\omega t$ 都是谐变力，将会引起电动机基础的振动。

思考：假设此处去掉竖向约束，电动机会在什么样的条件下跳起呢？

力偶 M_O 可利用后几章将要学到的动量矩定理或达朗贝尔原理进行求解。

例 15-3 图 15-7 所示为工程中常见的滑轮机构，重物 A 和 B 的质量分别为 m_1、m_2，系在两根质量不计的绳子上，滑轮绕 O 轴顺时针转动，滑轮质量不计，若重物 A 下降的加速度为 $\boldsymbol{a}$，求支点 O 的约束力。

解：以整个系统为研究对象，受力如图 15-7 所示，由运动学关系得

$$v_B = \frac{1}{2}v_A$$

质点系动量在坐标轴上的投影分别为

$$p_x = 0, \quad p_y = m_1 v_A - m_2 v_B = \left(m_1 - \frac{1}{2}m_2\right)v_A$$

由质点系的动量定理有

$$0 = F_{Ox}$$

$$\frac{\mathrm{d}}{\mathrm{d}t}\left[\left(m_1 - \frac{1}{2}m_2\right)v_A\right] = m_1 g + m_2 g - F_{Oy}$$

注意到：

$$\frac{\mathrm{d}v_A}{\mathrm{d}t} = a$$

可得

$$F_{Ox} = 0$$

$$F_{Oy} = m_1 g + m_2 g - \left(m_1 - \frac{1}{2}m_2\right)a$$

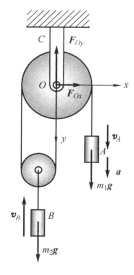

图　15-7

3. 质点系动量守恒定律

由式（15-9）可知：如果作用于质点系的外力的主矢恒等于零，则质点系的动量保持不变。即：

$$\text{若} \sum \boldsymbol{F}_i^{(\mathrm{e})} = \boldsymbol{0}，\text{则有} \boldsymbol{p} = \text{常矢量}。$$

使用时常取其投影式，由式（15-11）可知，**如果作用于质点系的所有外力在某坐标轴上的投影的代数和恒等于零，则质点系的动量在该轴上的投影保持不变。** 即：

$$\text{若} \sum F_{ix}^{(\mathrm{e})} = 0，\text{则} p_x = \text{常量}。$$

本节开始提到的牛顿摆，就是利用了动量守恒的原理，当然要假设球之间是完全弹性碰撞，而实际球之间不可能是完全弹性碰撞，所以最终球会停止摆动。

4. 质心运动定理

$$m\,\boldsymbol{a}_C = \sum \boldsymbol{F}_i^{(\mathrm{e})} \tag{15-12}$$

即：**质点系的质量与其质心加速度的乘积等于作用于该质点系上所有外力的矢量和（外力主矢），称为质心运动定理。** 同时，式（15-12）还表明，质点系的内力不影响质心的运动，只有外力才能改变质心的运动。

质心运动定理是矢量式，应用时常取其投影式：

$$ma_{Cx} = \sum F_{ix}^{(\mathrm{e})} \qquad ma_{Cy} = \sum F_{iy}^{(\mathrm{e})} \tag{15-13}$$

例 15-4　用质心运动定理求解例 15-2。

解：取整个电动机为研究对象，做出其受力图。建立坐标系如图 15-6 所示，质心的坐标位置：

$$x_C = \frac{m_2 e}{m_1 + m_2}\cos\omega t，\qquad y_C = \frac{m_2 e}{m_1 + m_2}\sin\omega t \tag{a}$$

式（a）对时间求二阶导数得

$$a_{Cx} = -\frac{m_2 e\omega^2}{m_1 + m_2}\cos\omega t，\qquad a_{Cy} = -\frac{m_2 e\omega^2}{m_1 + m_2}\sin\omega t \tag{b}$$

由质心运动定理得

$$\begin{cases} (m_1 + m_2)a_{Cx} = \sum F_{ix}^{(e)} = F_x \\ (m_1 + m_2)a_{Cy} = \sum F_{iy}^{(e)} = F_y - (m_1 + m_2)g \end{cases} \tag{c}$$

联立式（a）、式（c）得

$$\begin{cases} F_x = -m_2 e\omega^2 \cos\omega t \\ F_y = -m_2 e\omega^2 \sin\omega t + m_1 g + m_2 g \end{cases}$$

15.2 动量矩定理

质点系动量及动量定理，描述了质点系质心的运动状态及其变化规律，本节阐述的质点系的动量矩及动量矩定理则在一定程度上描述了质点系相对于定点或质心的运动状态及其变化规律，常被用来解决转动物体的动力学问题。

15.2.1 质点和质点系的动量矩

1. 质点的动量矩

设质点 N 某瞬时的动量为 $m\boldsymbol{v}$，质点相对于点 O 的位置用矢径 $\boldsymbol{r}$ 表示。如图 15-8 所示，质点 N 的动量对于点 O 的矩，定义为质点对于点 O 的动量矩，即

$$\boldsymbol{M}_O(m\boldsymbol{v}) = \boldsymbol{r} \times m\boldsymbol{v} \tag{15-14}$$

动量矩是矢量，在国际单位制中动量矩的单位为 $\mathrm{kg \cdot m^2/s}$。

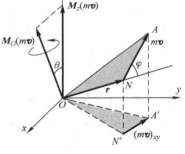

图 15-8

质点动量 $m\boldsymbol{v}$ 在 xOy 平面内的投影 $(m\boldsymbol{v})_{xy}$ 对于点 O 的矩，定义为**质点动量对于轴 z 的矩**，和力对点与力对轴的矩相似，质点对点 O 的动量矩矢在 z 轴上的投影，等于质点对轴 z 的动量矩，即

$$[\boldsymbol{M}_O(m\boldsymbol{v})]_z = M_z(m\boldsymbol{v}) \tag{15-15}$$

质点动量对轴的动量矩是代数量，正负号规定：从转轴 z 的正向向负向看去，逆时针转向为正，顺时针转向为负，遵守右手螺旋法则。

2. 质点系的动量矩

质点系对某点的动量矩等于各质点对同一点 O 的动量矩的矢量和，或称为质点系动量对点 O 的主矩，即

$$\boldsymbol{L}_O = \sum \boldsymbol{M}_O(m_i \boldsymbol{v}_i) \tag{15-16}$$

类似于力矩的投影式，动量矩的投影式可表达为

$$L_{Ox} = \sum M_{Ox}(m_i \boldsymbol{v}_i), \quad L_{Oy} = \sum M_{Oy}(m_i \boldsymbol{v}_i), \quad L_{Oz} = \sum M_{Oz}(m_i \boldsymbol{v}_i) \tag{15-17}$$

质点系对某轴 z 的动量矩等于各质点对同一轴 z 动量矩的代数和，记作 L_z，即

$$L_z = \sum M_z(m_i \boldsymbol{v}_i) \tag{15-18}$$

由以上两式可得

$$L_{Oz} = L_z \qquad (15\text{-}19)$$

即：**质点系对某点 O 的动量矩矢在通过该点的 z 轴上的投影等于质点系对于该轴的动量矩。**

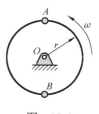

图　15-9

注意：一般情况下，我们不能用质点系的动量对点取矩来计算质点系的动量矩。例如，图 15-9 所示的系统，A、B 两小球质量均为 m，并对称地固定在半径为 r 的圆环上，圆环以匀角速度 ω 绕点 O 逆时针转动；由式（15-16）可得对于 A、B 组成的质点系对点 O 的动量矩为 $L_O = m\omega r \cdot r + m\omega r \cdot r = 2m\omega r^2$。由题意知 A、B 组成的质点系其质心在点 O 处，如果用质点系的动量对点取矩得到 $L_O = 0$，显然是错误的。

3. 刚体的动量矩

刚体平移时，可将全部质量集中于质心，按质点的动量矩来计算。

刚体绕定轴转动时，设其上任一质点的质量为 m_i，转动半径为 r_i，转动角速度为 ω，速度为 $\boldsymbol{v}_i$，如图 15-10 所示，由式（15-18）得

$$L_z = \sum M_z(m_i \boldsymbol{v}_i) = \sum (m_i v_i r_i) = \sum (m_i \omega_i r_i^2) = J_z \omega$$

$$(15\text{-}20)$$

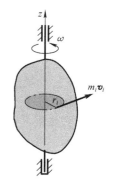

式中，$J_z = \sum (m_i r_i^2)$ 称为刚体对轴 z 的转动惯量，国际单位制中，转动惯量的单位为 $\text{kg} \cdot \text{m}^2$。即：**绕定轴转动的刚体对其转轴的动量矩等于刚体对转轴的转动惯量与转动角速度的乘积。**

刚体做平面运动时，若刚体具有质量对称平面，轴 z 为垂直于刚体质量对称平面的固定轴，可以证明：

$$L_z = M_z(m \boldsymbol{v}_C) + J_{z_C} \omega \qquad (15\text{-}21)$$

式中，$\boldsymbol{v}_C$ 为刚体质心 C 的速度；z_C 为平行于轴 z 并通过质心的质心轴；ω 为刚体的角速度。即：**平面运动刚体对垂直于质量对称平面的固定轴的动量矩，等于刚体随同质心平移时对该轴的动量矩，再加上刚体绕与该轴平行的质心轴转动时对该质心轴的动量矩。**

图　15-10

例 15-5　如图 15-11 所示，重物 A 质量为 m，系在绳子上，绳子跨过质量为 m 的固定滑轮 B，并绕在质量为 m 的圆轮 D 上，由于重物下降带动了轮 D 沿水平轨道只滚不滑。设定滑轮 B 及圆轮 D 的半径均为 R，定滑轮 B 对轴 O 的转动惯量为 J_O，圆轮 D 对其质心 C 的转动惯量为 J_C，物体 A 下降的速度大小为 v。求系统对轴 O 的动量矩。

解：系统对轴 O 的动量矩为物体 A、定滑轮 B 及圆轮 D 分别对轴 O 的动量矩之和。

$$L_O = L_{AO} + L_{BO} + L_{CO} \qquad (a)$$

其中，

$$L_{AO} = -mvR$$

$$L_{BO} = -J_O \omega = -\frac{J_O v}{R}$$

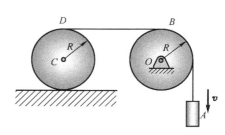

图　15-11

$$L_{CO} = M_z(m\boldsymbol{v}_C) + J_{z_C}\omega = 0 - \frac{J_C v}{2R} = -\frac{J_C v}{2R}$$

将 L_{AO}、L_{BO}、L_{CO} 代入式（a）得

$$L_O = L_{AO} + L_{BO} + L_{CO} = -mvR - \frac{J_O v}{R} - \frac{J_C v}{2R}$$

15.2.2 动量矩定理

1. 质点的动量矩定理及动量矩守恒定律

$$\frac{\mathrm{d}}{\mathrm{d}t}\boldsymbol{M}_O(m\boldsymbol{v}) = \boldsymbol{M}_O(\boldsymbol{F}) \tag{15-22}$$

式（15-22）为质点的动量矩定理，即：**质点对某定点的动量矩对时间的一阶导数，等于作用在质点上的力对同一点的矩。**

将式（15-22）在直角坐标轴上投影，得

$$\begin{cases} \dfrac{\mathrm{d}}{\mathrm{d}t}M_x(m\boldsymbol{v}) = M_x(\boldsymbol{F}) \\[2mm] \dfrac{\mathrm{d}}{\mathrm{d}t}M_y(m\boldsymbol{v}) = M_y(\boldsymbol{F}) \\[2mm] \dfrac{\mathrm{d}}{\mathrm{d}t}M_z(m\boldsymbol{v}) = M_z(\boldsymbol{F}) \end{cases} \tag{15-23}$$

质点的动量矩守恒定律：**如果作用于质点上的力对某固定轴的矩恒等于零，则质点对该轴的动量矩保持不变。** 同样的，若 $M_z(\boldsymbol{F}) = 0$，则 $M_z(m\boldsymbol{v}) = $ 常量。

2. 质点系的动量矩定理及动量矩守恒定律

$$\frac{\mathrm{d}L_z}{\mathrm{d}t} = \sum M_z(\boldsymbol{F}_i^{(\mathrm{e})}) \tag{15-24}$$

质点系对某固定轴（或固定点）的动量矩定理：**质点系对某固定轴（或某固定点）的动量矩对时间的一阶导数，等于作用于质点系上所有外力对该轴（或该点）的矩的代数和；** 注意到，上述动量矩定理的表达形式只运用于对固定轴或固定点，对于一般的动轴或动点，其动量矩定理具有较复杂的表达式。

质点系对固定轴（或固定点）的动量矩守恒定律：**如果作用于质点系上所有外力对某固定轴（或某固定点）矩的代数和恒等于零。则质点系对该轴（或该点）的动量矩保持不变。** 即：

$$\text{若} \sum M_z(\boldsymbol{F}_i^{(\mathrm{e})}) = 0, \quad \text{则} L_z = \text{常量。}$$

例 15-6 图 15-12 所示为高炉运送矿石用的卷扬机。已知鼓轮的半径为 R，转动惯量为 J，作用在鼓轮上的力偶矩为 M。小车和矿石总质量为 m，轨道的倾角为 θ。设绳的质量和各处摩擦均忽略不计，求小车的加速度 $\boldsymbol{a}$。

解： 取小车与鼓轮组成系统为研究对象，其中小车做平动，对轴 O 的动量矩大小为 mvR；鼓轮做定轴转动，对轴 O 的动量矩大小为 $J\omega$。取顺时针为正，此质点系对轴 O 的动量矩为

$$L_O = J\omega + mvR$$

作用于质点系的外力除力偶 M、重力 $\boldsymbol{W}_1$ 和 $\boldsymbol{W}_2$ 外，尚有轴承 O 的约束力 $\boldsymbol{F}_{Ox}$、$\boldsymbol{F}_{Oy}$ 和轨

道对小车的约束力 $\boldsymbol{F}_N$，系统受力如图所示。其中，$\boldsymbol{W}_1$、$\boldsymbol{F}_{Ox}$、$\boldsymbol{F}_{Oy}$ 对轴 O 的力矩为零。系统外力对轴 O 的矩为

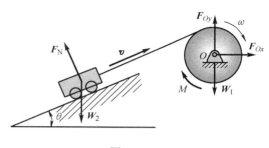

$$M_O(\boldsymbol{F}) = M - mg\sin\theta \cdot R$$

由质点系对轴 O 的动量矩定理，有

$$\frac{\mathrm{d}}{\mathrm{d}t}(J\omega + mvR) = M - mg\sin\theta \cdot R$$

因

$$\omega = \frac{v}{R}, \qquad \frac{\mathrm{d}v}{\mathrm{d}t} = a$$

于是解得

图　15-12

$$a = \frac{MR - mgR^2\sin\theta}{J + mR^2}$$

例 15-7　图 15-13 所示为两人爬绳的示意图，半径为 r 的滑轮 O 上具有一根绳子，绳子两端离过轴 O 的水平线的距离分别为 l_1 和 l_2，两个质量分别为 m_1 和 m_2（m_1 与 m_2 不相等）的人拉着绳子的两端同时开始向上爬，并同时到达过轴 O 的水平线。不计滑轮和绳子的质量，忽略所有对运动的阻力，求两人同时到达的时间。

解：设 m_1 和 m_2 的绝对速度分别为 $\boldsymbol{v}_1$ 和 $\boldsymbol{v}_2$，两人同时到达的时间为 T，则系统对轴 O 的动量矩为

$$L_O = m_1 v_1 r - m_2 v_2 r$$

由动量矩定理得

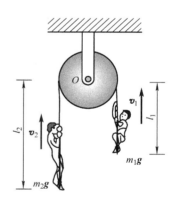

$$\frac{\mathrm{d}L_O}{\mathrm{d}t} = (m_2 g - m_1 g)r$$

即

$$\frac{\mathrm{d}}{\mathrm{d}t}(m_1 v_1 - m_2 v_2) = m_2 g - m_1 g$$

积分上式并考虑到初始动量矩为零，得

$$m_1 v_1 - m_2 v_2 = (m_2 g - m_1 g)t$$

上式在 0 到 T 上对时间积分，得

$$m_1 \int_0^T v_1 \mathrm{d}t - m_2 \int_0^T v_2 \mathrm{d}t = \frac{1}{2}(m_2 g - m_1 g)T^2 \qquad (\mathrm{a})$$

图　15-13

在时间 T 内，两人上升的绝对路程分别为 l_1 和 l_2，由此得

$$l_1 = \int_0^T v_1 \mathrm{d}t, \quad l_2 = \int_0^T v_1 \mathrm{d}t \qquad\qquad\qquad (\mathrm{b})$$

将式（b）代入式（a），得

$$m_1 l_1 - m_2 l_2 = \frac{1}{2}(m_2 g - m_1 g)T^2$$

由此得

$$T = \sqrt{\frac{2(m_1 l_1 - m_2 l_2)}{(m_2 - m_1)g}}$$

15.2.3 刚体绕定轴转动的微分方程

1. 刚体绕定轴转动的微分方程

将式（15-20）代入式（15-24）得

$$\frac{\mathrm{d}L_z}{\mathrm{d}t} = J_z \dot{\omega} = J_z \alpha = \sum M_z(\boldsymbol{F}_i^{(\mathrm{e})}) \tag{15-25}$$

即：刚体绕定轴转动时，刚体对转轴的转动惯量与角加速度的乘积等于作用于刚体上所有的外力对转轴的矩的代数和。

2. 转动惯量

如果刚体的质量是连续分布的，则转动惯量 $J_z = \int mr^2 \mathrm{d}m$，工程中，常将转动惯量表示为

$$J_z = m\rho_z^2 \tag{15-26}$$

$$\rho_z = \sqrt{\frac{J_z}{m}} \tag{15-27}$$

式中，ρ_z 为刚体对轴 z 的回转半径，单位为 m。

转动惯量的平行轴定理：**刚体对于任一轴的转动惯量等于刚体对与该轴平行的质心轴的转动惯量，再加上刚体的质量与两轴间的距离平方的乘积**，即

$$J_z = J_{z_C} + md^2 \tag{15-28}$$

表 15-1 列出了一些常见均质物体的转动惯量和惯性半径。

表 15-1　均质物体的转动惯量和惯性半径

物体的形状	简　图	转动惯量	惯性半径	体积
细直杆		$J_{z_C} = \dfrac{m}{12}l^2$ $J_z = \dfrac{m}{3}l^2$	$\rho_{z_C} = \dfrac{l}{2\sqrt{3}}$ $\rho_z = \dfrac{l}{\sqrt{3}}$	
薄壁圆筒		$J_z = mR^2$	$\rho_z = R$	$2\pi Rlh$
圆柱		$J_z = \dfrac{1}{2}mR^2$ $J_x = J_y$ $= \dfrac{m}{12}(3R^2 + l^2)$	$\rho_z = \dfrac{R}{\sqrt{2}}$ $\rho_x = \rho_y =$ $\sqrt{\dfrac{1}{12}(3R^2 + l^2)}$	$\pi R^2 l$

（续）

物体的形状	简　图	转动惯量	惯性半径	体积
薄壁空心球		$J_z = \dfrac{2}{3}mR^2$	$\rho_z = \sqrt{\dfrac{2}{3}}R$	$\dfrac{3}{2}\pi Rh$
实心球		$J_z = \dfrac{2}{5}mR^2$	$\rho_z = \sqrt{\dfrac{2}{5}}R$	$\dfrac{4}{3}\pi R^3$
圆环		$J_z = m\left(R^2 + \dfrac{3}{4}r^2\right)$	$\rho_z = \sqrt{R^2 = \dfrac{3}{4}r^2}$	$2\pi^2 r^2 R$
椭圆形薄板		$J_z = \dfrac{m}{4}(a^2+b^2)$ $J_y = \dfrac{m}{4}a^2$ $J_x = \dfrac{m}{4}b^2$	$\rho_z = \dfrac{1}{2}\sqrt{a^2+b^2}$ $\rho_y = \dfrac{a}{2}$ $\rho_x = \dfrac{b}{2}$	πabh
矩形薄板		$J_z = \dfrac{m}{12}(a^2+b^2)$ $J_y = \dfrac{m}{12}a^2$ $J_x = \dfrac{m}{12}b^2$	$\rho_z = \sqrt{\dfrac{1}{12}(a^2+b^2)}$ $\rho_y = 0.289a$ $\rho_x = 0.289b$	abh

例 15-8　如图 15-14 所示，质量为 m 的杆 OA 以角速度 ω 绕轴 O 转动，质量为 m、半径为 R 的均质圆盘与杆 OA 焊接在一起，求杆 OA 与圆盘组成的系统对轴 O 的动量矩。

解法一：

$$L_O = L_{O杆} + L_{O盘} = J_{O杆}\omega + J_{O盘}\omega$$
$$= \frac{1}{3}ml^2\omega + \left(\frac{1}{2}mR^2 + ml^2\right)\omega$$
$$= \left(\frac{4}{3}l^2 + \frac{1}{2}R^2\right)m\omega$$

解法二：先求出杆与盘组成的系统对轴 O 的转动惯量

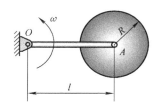

图　15-14

$$J_O = J_{O杆} + J_{O盘} = \frac{1}{3}ml^2 + \left(\frac{1}{2}mR^2 + ml^2\right) = \frac{4}{3}ml^2 + \frac{1}{2}mR^2$$

则有

$$L_O = J_O\omega = \left(\frac{4}{3}l^2 + \frac{1}{2}R^2\right)m\omega$$

例 15-9　图 15-15 所示为工程中常见物理摆（或称为复摆）的示意图，其质量为 m，C 为其质心，摆对悬挂点的转动惯量为 J_O，求微小摆动的周期。

解：设 φ 角以逆时针方向为正。当小 φ 角为正时，重力对点 O 之矩为负，因此，摆的转动微分方程为

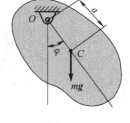

图　15-15

$$J_O \frac{\mathrm{d}^2\varphi}{\mathrm{d}t^2} = -mga\sin\varphi$$

因刚体做微小摆动，有 $\sin\varphi \approx \varphi$，于是转动微分方程可写为

$$J_O \frac{\mathrm{d}^2\varphi}{\mathrm{d}t^2} = -mga\varphi$$

此方程的通解为

$$\varphi = \varphi_0 \sin\left(\sqrt{\frac{mga}{J_O}}t + \theta\right)$$

其中，φ_0 称为角振幅，θ 是初相位，它们都由运动初始条件确定。

摆动周期为

$$T = 2\pi\sqrt{\frac{J_O}{mga}}$$

工程中，对于几何形状复杂的物体，常用实验方法测定其转动惯量，如图 15-16 所示，欲求曲柄对于转轴 O 的转动惯量，可将曲柄在轴 O 悬挂起来，并使其做微幅摆动，测定重力 mg，线长 l，摆动周期 T。从而可求得转动惯量为

$$J_O = \frac{T^2 mgl}{4\pi^2}$$

又如，欲求圆轮对于中心轴的转动惯量，可用单轴扭振（图 15-17a）、三线悬挂扭振（图 15-17b）等方法测定扭振周期，根据周期与转动惯量之间的关系计算转动惯量。

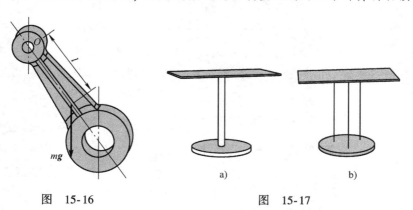

图　15-16　　　　　　　　图　15-17

15.2.4　质点系相对质心的动量矩定理

质点系相对质心的动量矩定理：**质点系相对于质心的动量矩对时间的导数，等于作用于质点系的外力对质心的主矩**。

$$\frac{\mathrm{d} \boldsymbol{L}_C}{\mathrm{d}t} = \sum \boldsymbol{M}_C(\boldsymbol{F}_i^{(\mathrm{e})}) \tag{15-29}$$

该定理在形式上与质点系对于固定点的动量矩定理完全一样，因此与对定点的动量矩定理有关的陈述也可运用于对质心的动量矩定理，注意到式（15-29）仅对质心成立，表明了质心在动力系中的特殊地位。

15.2.5　刚体的平面运动微分方程

刚体的平面运动可以分解为随质心 C 的平移和绕质心 C 的转动两部分，由质心运动定理［式（15-13）］以及刚体对质心的动量矩定理［式（15-29）］得

$$\begin{cases} m \boldsymbol{a}_C = m \dfrac{\mathrm{d}^2 \boldsymbol{r}_C}{\mathrm{d}t^2} = \sum \boldsymbol{F}^{(\mathrm{e})} \\[2mm] J_C \dfrac{\mathrm{d}^2 \varphi}{\mathrm{d}t^2} = \sum M_C(\boldsymbol{F}^{(\mathrm{e})}) \end{cases} \tag{15-30}$$

应用时通常取其投影式

$$\begin{cases} ma_{Cx} = \sum F_x \\ ma_{Cy} = \sum F_y \\ J_C \alpha = \sum M_C(\boldsymbol{F}_i^{(\mathrm{e})}) \end{cases} \tag{15-31}$$

式（15-30）和式（15-31）称为**刚体平面运动微分方程**。

例 15-10　匀质圆柱体的质量为 m，半径为 R，在外缘上绕有一细绳，绳的一段固定在天花板上，如图 15-18a 所示。圆柱体无初速度地自由下降，若绳与圆柱体之间无相对滑动，试求圆柱体质心 C 的加速度和绳的拉力。

解：取圆柱体为研究对象，其上的作用力有圆柱体的重力 mg 和绳的拉力 $\boldsymbol{F}_\mathrm{T}$。

圆柱体做平面运动，其受力图如图 15-18b 所示。

根据刚体的平面运动微分方程，有

$$\begin{cases} ma_{Cx} = \sum F_x = 0 \\ ma_{Cy} = \sum F_y = mg - F_\mathrm{T} \\ J_C \alpha = \sum M_C(\boldsymbol{F}_i^{(\mathrm{e})}) = F_\mathrm{T} R \end{cases}$$

将 $a_{Cy} = R\alpha$，$J_C = \dfrac{1}{2}mR^2$ 代入上式计算可得

$$a_{Cx} = 0, \quad a_{Cy} = \frac{2}{3}g, \quad F_\mathrm{T} = \frac{1}{3}mg$$

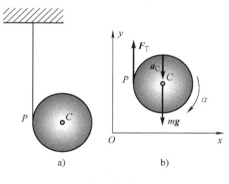

图　15-18

15.3 动能定理

质点系的动能定理建立了质点系动能的变化与作用于质点系上的力的功之间的关系，是从功与能的角度来研究机械运动状态的变化规律，不同于动量定理和动量矩定理，在有些场合这是更为方便和有效的。

本节主要介绍力的功、动能以及动能定理，对功率做了简要介绍。

15.3.1 力的功

1. 常力做的功

质点 M 在大小和方向都不变的力 $\boldsymbol{F}$ 作用下，沿直线走过一段路程 s，力 $\boldsymbol{F}$ 在路程 s 上做的功定义为

$$W = F\cos\theta \cdot s \tag{15-32}$$

式中，θ 为力 $\boldsymbol{F}$ 与直线位移方向之间的夹角。功是代数量，在国际单位制中功的单位为 J。

2. 变力做的功

设质点 M 在变力 $\boldsymbol{F}$ 作用下沿曲线运动，如图 15-19 所示，在无限小位移为 $\mathrm{d}\boldsymbol{r}$ 中力 $\boldsymbol{F}$ 可视为常力，一小段弧长 $\mathrm{d}s$ 可视为直线，$\mathrm{d}\boldsymbol{r}$ 可视为沿点 M 的切线，在无限小位移中力 $\boldsymbol{F}$ 做的功称为元功，以 δW 表示，即

$$\delta W = F\cos\theta \cdot \mathrm{d}s \tag{15-33}$$

力在全路程上做的功等于元功之和，即

$$W = \int_0^s F\cos\theta \cdot \mathrm{d}s = \int_{M_1}^{M_2} \boldsymbol{F} \cdot \mathrm{d}\boldsymbol{r} \tag{15-34}$$

在直角坐标系中，力 $\boldsymbol{F}$、位移 $\mathrm{d}\boldsymbol{r}$ 可表示为

$$\boldsymbol{F} = F_x\boldsymbol{i} + F_y\boldsymbol{j} + F_z\boldsymbol{k}, \qquad \mathrm{d}\boldsymbol{r} = \mathrm{d}x\boldsymbol{i} + \mathrm{d}y\boldsymbol{j} + \mathrm{d}z\boldsymbol{k}$$

将以上两式代入式（15-34）得

$$\delta W = F_x\mathrm{d}x + F_y\mathrm{d}y + F_z\mathrm{d}z \tag{15-35}$$

变力 $\boldsymbol{F}$ 在全路程上做的功为

$$W = \int_{M_1}^{M_2}(F_x\mathrm{d}x + F_y\mathrm{d}y + F_z\mathrm{d}z) \tag{15-36}$$

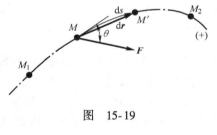

图 15-19

3. 几种常见力做的功

（1）重力的功　设质点 M 沿轨道从 M_1 运动到 M_2，如图 15-20 所示。重力做功为

$$W = \int_{M_1}^{M_2}(-mg)\mathrm{d}z = mg(z_1 - z_2) \tag{15-37}$$

重力做功仅与其重心始末位置高度差（$z_1 - z_2$）有关，与运动轨迹的形状无关。

（2）弹性力的功　如图 15-21 所示，物块与弹簧相连，受线性弹性力作用，即 $F = -k\delta$，其中 k 为弹簧的刚度系数，δ 为弹簧的变形量。弹性力在变形过程中做的功为

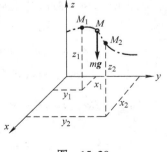

图 15-20

$$W = \frac{1}{2}k(\delta_1^2 - \delta_2^2) \tag{15-38}$$

式中，δ_1、δ_2 分别为弹簧初始和末了位置的变形量。式 (15-38) 表明，弹性力的功只取决于弹簧的始末变形量。

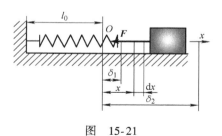

图　15-21

（3）定轴转动刚体上作用力的功　如图 15-22 所示，刚体在力 F 作用下绕定轴 O 转动，由于 $ds = rd\varphi$，由式 (15-33) 得力 F 在刚体从转角 φ_1 到转角 φ_2 的转动过程中所做的功为

$$W = \int_0^s F\cos\theta \cdot ds = \int_{\varphi_1}^{\varphi_2} Fr\cos\theta d\varphi = \int_{\varphi_1}^{\varphi_2} M_O d\varphi \tag{15-39}$$

式中，$M_O = Fr\cos\theta$ 为力 F 对转轴 O 的矩。若 $M_O =$ 常量，式 (15-39) 可写为

$$W = M_O(\varphi_2 - \varphi_1) \tag{15-40}$$

（4）力偶的功　如图 15-23 所示，刚体在力偶作用下绕定轴 O 转动。力偶所做的功仍可按上述方法计算：

$$W = \int_{\varphi_1}^{\varphi_2} M d\varphi \tag{15-41}$$

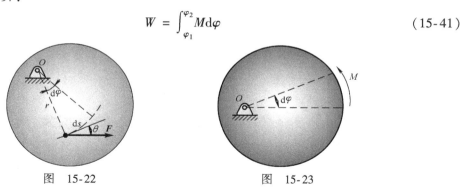

图　15-22　　　　　图　15-23

若 $M =$ 常量，式 (15-41) 可进一步写为

$$W = \int_{\varphi_1}^{\varphi_2} M d\varphi = M(\varphi_2 - \varphi_1) \tag{15-42}$$

（5）内力的功　质点系内力的元功（图 15-24）

$$\delta W = F_1 \cdot dr_1 + F_2 \cdot dr_2 = F_1 \cdot dr_1 - F_1 \cdot dr_2$$
$$= F_1 \cdot (dr_1 - dr_2) = -F_1 \cdot dr_{12} = -F_1 dl \tag{15-43}$$

式中，dl 为沿两内力作用连线上的相对位移。由以上分析可知，内力 F_1、F_2 虽然等值反向，但是在两质点 M_1、M_2 相互靠近或者离开时，两力所做的功并不等于零。例如，车发动机的气缸内膨胀的气体对活塞和气缸的作用力是内力，但内力功的和不等于零，内力的功使汽车的动能增加；又如，机器中轴与轴承之间相互作用的摩擦力对于整个机器来讲是内力，它们做负功，总和为负。

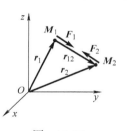

图　15-24

对于刚体和不可伸长的柔索，当有内力作用时，其内任意两点之间的距离不会改变，则刚体、不可伸长的柔索的内力不做功。

对于光滑固定面和一端固定的绳索等约束，其约束力垂直于力作用点的位移，约束力不做功。这种做功等于零的约束称为**理想约束**。光滑连接铰链的两个部分的约束力做功之和等于零，也都是理想约束。

15.3.2 动能

1. 质点的动能

设质点的质量为 m，速度为 $\boldsymbol{v}$，质点的动能定义为

$$E_k = \frac{1}{2}mv^2$$

动能为标量，恒为正值。国际单位制中，动能与功的单位相同，为 J；动能和动量是机械运动的两种不同的度量。

2. 质点系的动能

质点系内各质点动能的和定义为质点系的动能，即

$$E_k = \sum \frac{1}{2}m_i v_i^2 \tag{15-44}$$

3. 平移刚体的动能

由平移的性质知，平移刚体内各点的速度 $\boldsymbol{v}$ 相同，由式（15-44）得

$$E_k = \sum \frac{1}{2}m_i v_i^2 = \frac{1}{2}v^2 \sum m_i = \frac{1}{2}mv^2 \tag{15-45}$$

式中，$m = \sum m_i$ 为刚体的质量。

4. 定轴转动刚体的动能

设刚体以角速度 ω 绕定轴 z 转动，其上转动半径为 r_i 的点的速度为 $v_i = \omega r_i$，由式（15-44）得刚体的动能为

$$E_k = \sum \frac{1}{2}m_i v_i^2 = \frac{1}{2}\omega^2 \sum (m_i r_i^2) = \frac{1}{2}J_z \omega^2 \tag{15-46}$$

式中，$J_z = \sum (m_i r_i^2)$ 为刚体对转轴 z 的转动惯量。

5. 平面运动刚体的动能

刚体做平面运动时，任一瞬时刚体上各点的速度分布与绕速度瞬心点 P 做定轴转动的刚体相同，由式（15-46）得平面运动刚体的动能为

$$E_k = \frac{1}{2}J_P \omega^2 \tag{15-47}$$

式中，J_P 为刚体对速度瞬心轴的转动惯量。由于不同的瞬时，刚体以不同的点作为瞬心，故上式在计算动能上是不方便的。根据转动惯量的平行移轴公式得

$$J_P = J_C + mb^2$$

式中，J_C 为对于质心轴的转动惯量；距离 b 为瞬心轴和质心轴之间的垂直距离，$b = CP$；m 为刚体的质量。将上式代入式（15-47）得

$$E_k = \frac{1}{2}(J_C + mb^2)\omega^2 = \frac{1}{2}J_C \omega^2 + \frac{1}{2}mv_C^2 \tag{15-48}$$

即：平面运动的刚体的动能，等于刚体随质心平移的动能与刚体绕质心转动的动能之和。

15.3.3　动能定理

1. 质点的动能定理

质点的动能定理的微分形式

$$d\left(\frac{1}{2}mv^2\right) = \delta W \tag{15-49}$$

也可表达为

$$\frac{1}{2}mv_2^2 - \frac{1}{2}mv_1^2 = W_{12} \tag{15-50}$$

式（15-50）称为**质点动能定理的积分形式**，即在**质点运动的某一过程中，质点动能的改变量等于作用于质点上的力所做的功**。

2. 质点系的动能定理

对质点系的 n 个速度为 $\boldsymbol{v}_i$ 的质点 m_i 应用动能定理，有

$$d\left(\frac{1}{2}m_i v_i^2\right) = \delta W_i$$

式中，δW_i 为作用在第 i 个质点上的力的元功。将 n 个方程相加得**质点系动能定理的微分形式**：

$$d\left(\sum \frac{1}{2}m_i v_i^2\right) = dE_k = \sum \delta W_i \tag{15-51}$$

质点系动能定理的积分形式：

$$E_{k2} - E_{k1} = \sum W_i \tag{15-52}$$

例 15-11　图 15-25 所示为工程中卷扬机的示意图。鼓轮在常力偶 M 的作用下将圆柱由静止沿斜坡上拉。已知鼓轮的半径为 R_1，质量是 m_1，质量分布在轮缘上；圆柱的半径为 R_2，质量为 m_2，质量均匀分布。设斜坡的倾角为 θ，圆柱只滚不滑。求圆柱中心 C 经过路程 s 时的速度与加速度。

解：圆柱和鼓轮一起组成质点系。作用于该质点系的外力有：重力 $m_1\boldsymbol{g}$ 和 $m_2\boldsymbol{g}$、外力偶 M、水平轴约束力 $\boldsymbol{F}_{Ox}$ 和 $\boldsymbol{F}_{Oy}$、斜面对圆柱的法向约束力 $\boldsymbol{F}_N$ 和静摩擦力 $\boldsymbol{F}_s$。系统受力如图所示，因为点 O 静止，力 $\boldsymbol{F}_{Ox}$、$\boldsymbol{F}_{Oy}$ 和 $m_1\boldsymbol{g}$ 所做的功等于零；圆柱沿斜面只滚不滑，因此作用于瞬心 D 的法向约束力 $\boldsymbol{F}_N$ 和静摩擦力 $\boldsymbol{F}_s$ 不做功。因此系统上力所做的功为

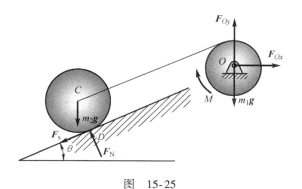

图　15-25

$$W_{12} = M\varphi - m_2 g \sin\theta \cdot s$$

设质点系初始和任意时刻的动能分别为

$$E_{k1} = 0, \quad E_{k2} = \frac{1}{2}J_1\omega_1^2 + \frac{1}{2}m_2 v_C^2 + \frac{1}{2}J_C\omega_2^2$$

其中，J_1、J_C 分别为鼓轮对于中心轴 O、圆柱对于过质心 C 轴的转动惯量：

$$J_1 = m_1 R_1^2, \qquad J_C = \frac{1}{2} m_2 R_2^2$$

ω_1 和 ω_2 分别为鼓轮和圆柱的角速度，即

$$\omega_1 = \frac{v_C}{R_1}, \qquad \omega_2 = \frac{v_C}{R_2}$$

于是

$$E_{k2} = \frac{v_C^2}{4}(2m_1 + 3m_2)$$

由质点系的动能定理，得

$$\frac{v_C^2}{4}(2m_1 + 3m_2) - 0 = M\varphi - m_2 g\sin\theta \cdot s \qquad (a)$$

以 $\varphi = \dfrac{s}{R_1}$ 代入，解得

$$v_C = 2\sqrt{\frac{(M - m_2 g R_1 \sin\theta)s}{R_1(2m_1 + 3m_2)}}$$

系统运动过程中，速度 v_C 与路程 s 都是时间的函数，将式（a）两端对时间 t 求一阶导数，得

$$\frac{1}{2}(2m_1 + 3m_2)v_C a_C = M\frac{v_C}{R_1} - m_2 g\sin\theta \cdot v_C$$

求得圆柱中心 C 的加速度为

$$a_C = \frac{2(M - m_2 g R_1 \sin\theta)}{(2m_1 + 3m_2)R_1}$$

例 15-12 已知冲击试验机冲击锤质量 $m = 18\text{kg}$，摆杆长 $l = 640\text{mm}$，杆重不计，在 $\varphi_1 = 70°$ 时静止释放，冲断试件后摆至 $\varphi_2 = 39°$，求：冲断试件需用的能量。

解： 取摆锤为研究对象，摆锤冲击初始和终止位置速度均为零，有

$$E_{k1} = 0$$
$$E_{k2} = 0$$

由动能定理得

$$0 - 0 = mgl(1 - \cos\varphi_1) - mgl(1 - \cos\varphi_2) - W_k$$

求得

$$W_k = 78.92\text{J}$$

冲断试件需要的能量为 78.92J。

15.3.4　功率

功率方程给出了动能变化率与功率之间的关系。动能与速度有关，其变化率含有加速度项，因而功率方程也就给出了系统的加速度与作用力之间的关系。由于功率方程中不含理想约束的约束力，因而用功率方程求解系统的加速度、建立系统的运动微分方程是很方便的。

单位时间内所做的功称为功率，功率是度量力做功快慢的一个物理量，以 P 表示

$$P = \frac{\delta W}{\mathrm{d}t}$$

由力的元功 $\delta W = \boldsymbol{F} \cdot \mathrm{d}\boldsymbol{r}$，则上式可进一步写为

$$P = \boldsymbol{F} \cdot \frac{\mathrm{d}\boldsymbol{r}}{\mathrm{d}t} = \boldsymbol{F} \cdot \boldsymbol{v} = F_t v \tag{15-53}$$

即**功率等于切向力与力作用点速度的乘积**。

力偶矩的元功 $\delta W = M \mathrm{d}\varphi$，故力偶矩的功率可表示为

$$P = \frac{\delta W}{\mathrm{d}t} = M_z \frac{\mathrm{d}\varphi}{\mathrm{d}t} = M_z \omega \tag{15-54}$$

式中，M_z 为力对转轴 z 的矩；ω 是角速度。即：**作用于转动刚体上的力的功率等于力对转轴的矩与角速度的乘积**。

国际单位制中，功率的单位为 W。工程中常用 kW 作为单位，$1\mathrm{kW} = 1000\mathrm{W}$。

将式（15-51）两端除以 $\mathrm{d}t$，得

$$\frac{\mathrm{d}E_k}{\mathrm{d}t} = \sum \frac{\delta W_i}{\mathrm{d}t} = \sum P_i \tag{15-55}$$

式（15-55）称为**功率方程**，即**质点系动能对时间的一阶导数，等于作用于质点系的所有力的功率的代数和**，对于机器，在一般情况下，式（15-55）可以写为

$$\frac{\mathrm{d}E_k}{\mathrm{d}t} = P_{输入} - P_{有用} - P_{无用} \tag{15-56}$$

式中，$P_{输入}$ 为机器的输入功率；$P_{有用}$ 为机器做功所消耗的有用功率；$P_{无用}$ 为机器在转动过程中因摩擦等所损耗的无用功率。

有用功率与输入功率的比值称为机器的机械效率，用 η 表示为

$$\eta = \frac{有用功率}{输入功率}$$

机械效率 η 表明机器对输入功率的有效利用程度，是评定机器质量好坏的指标之一。一般情况下，$\eta < 1$。

15.4　动力学综合问题

动力学普遍定理包括动量定理、动量矩定理和动能定理。应用时应注意，质点系的内力不能改变系统的动量和动量矩，只需要考虑质点系所受的外力。动能定理是标量形式，在很多实际问题中约束力不做功，这使问题大为简化，当有一段运动过程时，用动能定理的积分形式求解速度或者角速度往往比较方便。动力学普遍定理提供了求解动力学问题的一般方法，在求解较复杂的问题时，可以根据需要综合运用动力学普遍定理。

例 15-13　塔轮质量 $m = 200\mathrm{kg}$，大圆半径 $R = 600\mathrm{mm}$，小圆半径 $r = 300\mathrm{mm}$，对轮心 C 的回转半径 $\rho_C = 400\mathrm{mm}$，质心在几何中心 C。小圆半径上缠绕无重细绳，绳水平拉出后绕过无重滑轮 B 悬挂一质量 $m_A = 80\mathrm{kg}$ 的重物 A，如图 15-26a 所示。试求：（1）若塔轮与水平地面之间是纯滚动，求 $\boldsymbol{a}_C$、绳张力 $\boldsymbol{F}_T$ 及摩擦力 $\boldsymbol{F}_s$。（2）纯滚动的条件。（3）若静滑动摩擦因

数 $f_s = 0.2$，动滑动摩擦因数 $f_d = 0.18$，求绳张力 F_T。

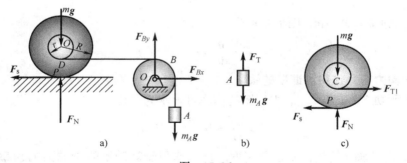

图 15-26

解： 以整体系统为研究对象，其受力图如图 15-26a 所示。

(1) 设系统初动能为 E_{k1}，重物下降 s 后动能为 E_{k2}，则

$$E_{k2} = \frac{1}{2}mv_C^2 + \frac{1}{2}J_C\omega^2 + \frac{1}{2}m_A v_A^2$$

其中，$J_C = m\rho_C^2$。动能 E_{k2} 中有三个运动学量，应将它们用单一的运动学量来表达。由于塔轮沿地面纯滚动，因此有

$$v_C = \omega R, \quad v_A = \omega(R-r) \tag{a}$$

注意到式 (a) 对任意时刻都成立，是函数式，可将其对时间 t 求导，得

$$a_C = \alpha R, \quad a_A = \alpha(R-r) \tag{b}$$

利用式 (a)，动能 E_{k2} 可以进一步写为

$$E_{k2} = \frac{1}{2}[m(\rho_C^2 + R^2) + m_A(R-r)^2]\omega^2 \tag{c}$$

由受力图 15-26a 知，mg、F_{Bx}、F_{By} 均不做功，力 F_s 及 F_N 作用于速度瞬心，也不做功。这里要注意，当塔轮向右滚动时，摩擦力 F_s 也水平向右移动，但功并不是力与其空间移动的点积，而是力与受力物体上作用点位移的点积。本题只有重物 A 的重力做功，即

$$W = m_A g \cdot s \tag{d}$$

将式 (c)、式 (d) 代入动能定理 $W = E_{k2} - E_{k1}$ 中，得

$$m_A g \cdot s = \frac{1}{2}[m(\rho_C^2 + R^2) + m_A(R-r)^2]\omega^2 - E_{k1} \tag{e}$$

式 (e) 对任意 s 都成立，是函数式，对时间 t 求导得

$$m_A g v_A = [m(\rho_C^2 + R^2) + m_A(R-r)^2]\omega\alpha \tag{f}$$

利用式 (a) 可得式 (f) 的解为

$$\alpha = 2.115 \text{ rad/s}^2$$

再利用式 (b) 得

$$a_A = (R-r)\alpha = 0.635 \text{ m/s}^2$$

$$a_C = R\alpha = 1.269 \text{ m/s}^2$$

利用动能定理求得加速度及角加速度后，再求力就方便了。分别取重物 A 及塔轮为研究对象，它们的受力图如图 15-26b、c 所示。

研究重物 A：

由质心运动定理得

$$m_A a_A = m_A g - F_T$$

得

$$F_T = m_A (g - a_A) = 733 \text{N}$$

研究塔轮：

由质心运动定理得

$$m a_C = F_{T1} - F_s$$

由于滑轮 B 质量不计，因此 $F_{T1} = F_T$，故得摩擦力为

$$F_s = 479 \text{N}$$

（2）由 $F_s \leqslant f_s F_N$，其中 f_s 为静滑动摩擦因数，$F_N = mg$，得纯滚动条件

$$f_s \geqslant 0.244$$

（3）当 $f_s = 0.2$ 时，纯滚动条件不满足。此时图 15-26 中的点 P（塔轮与地面接触点）已不再是速度瞬心，式（a）不成立了。这使运动学关系变得复杂，给解题带来麻烦。但另一方面，由于动滑动摩擦力大小恒为 $f_d F_N$，使动摩擦力变为已知，为解题带来极大的方便。由于摩擦力已知，因此从力的角度去求解会方便些。

分别研究重物 A 及塔轮，它们的受力图如图 15-26b、c 所示，列方程如下：

$$\begin{cases} m_A a_A = m_A g - F_T \\ m a_C = F_{T1} - F_s \\ m \rho_C^2 \alpha = F_s R - F_{T1} r \end{cases} \tag{g}$$

其中 $F_{T1} = F_T$，未知量为 F_T、a_A、a_C、α 共四个，因此要建立运动学量 a_A、a_C、α 之间的关系。由求加速度的基点法，有

$$\boldsymbol{a}_D = \boldsymbol{a}_C + \boldsymbol{a}_{DC}^t + \boldsymbol{a}_{DC}^n$$

其中点 D 为图 15-26a 中塔轮与绳的切点。将此矢量方程投影到水平方向，有

$$a_{Dx} = a_C - \alpha r$$

再由于 a_{Dx} 与 a_A 相同，因此

$$a_A = a_C - \alpha r \tag{h}$$

式（h）与式（g）联立，共四个方程，四个未知量，解得

$$F_T = 1668 \text{N}$$

思 考 题

15-1　若质点系的动量为零，该质点系就一定处于静止状态。这一表述是否正确？为什么？

15-2　高空作业的安全网为什么可以保护从高空掉下来的人？

15-3　质点系动量定理的导数形式为 $\dfrac{\mathrm{d}\boldsymbol{P}}{\mathrm{d}t} = \sum \boldsymbol{F}_i^{(e)}$，积分形式为 $\boldsymbol{P}_2 - \boldsymbol{P}_1 = \sum \int_{t_1}^{t_2} \boldsymbol{F} \mathrm{d}t$，以下说法正确的是（　　）。

A. 导数形式和积分形式均可在自然轴上投影

B. 导数形式和积分形式均不可在自然轴上投影

C. 导数形式能在自然轴上投影，积分形式不能在自然轴上投影

D. 导数形式不能在自然轴上投影，积分形式可在自然轴上投影

15-4 两均质直杆 AC 与 CB，长度相同，质量分别为 m_1 和 m_2。两杆在点 C 由铰链连接，初始时维持在铅垂面内不动，如图 15-27 所示。设地面绝对光滑，两杆被释放后将分开倒向地面。问 m_1 与 m_2 相等或不相等时，点 C 的运动轨迹是否相同？

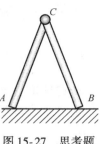

图 15-27 思考题
15-4 图

15-5 花样滑冰运动员单脚直立旋转时，可通过伸缩双臂和另一条腿来改变旋转的速度。其理论依据是什么？为什么？

15-6 质量为 m 的均匀圆盘，平放在光滑的水平面上，已知 $R = 2r$。假设初始静止，试问在图 15-28 所示三种不同的受力情况下，圆盘将做何种运动？

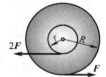

图 15-28 思考题 15-6 图

15-7 无重细绳跨过不计轴承摩擦、不计质量的滑轮。两猴质量相同，初始静止在此细绳上，离地面高度相同。若两猴同时开始向上爬，且相对绳的速度大小可以相同也可以不相同，问站在地面看，两猴的速度为多大？在任一瞬间，两猴离地面的高度是否一样？若两猴开始一个向上爬，同时另一个向下爬，且相对绳的速度大小可以相同也可以不相同，问站在地面看，两猴的速度是否一样？在任一瞬间，两猴离地面的高度是否一样？

15-8 如图 15-29 所示，在铅垂面内，杆 OA 可绕轴 O 自由转动，均质圆盘可绕其质心轴 A 自由转动。如杆 OA 水平时系统静止，问自由释放后圆盘做什么运动？

15-9 一般来说，应用动能定理能否求出系统的约束力？为什么？

15-10 如图 15-30 所示，质量为 m_1 的均质杆 AO，一端铰接在质量为 m_2 的均质圆轮的轮心 O，另一端落在水平面上。圆轮在地面上做纯滚动，若轮心的速度为 $\boldsymbol{v}_0$，试确定系统的动能。

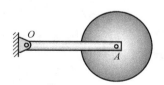

图 15-29 思考题 15-8 图

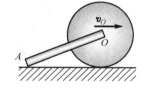

图 15-30 思考题 15-10 图

15-11 三个质量相同的质点，同时由点 A 以大小相同的初速度 v_0 抛出，但其方向各不相同，如图 15-31 所示。如不计空气阻力，这三个质点落到水平面 H—H 时，三者的速度大小是否相等？三者重力的做功是否相等？三者重力的冲量是否相等？

15-12 甲、乙两人重量相同，沿绕过无重量的细绳，由静止起同时向上爬升，如图 15-32 所示。如甲比乙更努力上爬，问：（1）谁先到达上端？（2）谁的动能大？（3）谁做的功多？（4）如何对甲、乙两人分别应用动能定理？

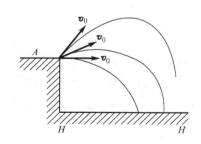

图 15-31 思考题 15-11 图

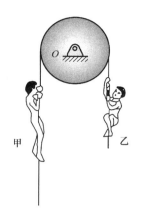

图 15-32　思考题 15-12 图

习　题

15-1　跳伞者质量为 60kg，自停留在高空中的直升机中跳出，落下 100m 后，将降落伞打开。设开伞前的空气阻力略去不计，伞重不计，开伞后所受的阻力不变，经 5s 后跳伞者的速度减为 4.3m/s，求阻力的大小。

15-2　如图 15-33 所示，质量为 m_1 的平台 AB 放于水平面上，平台与水平面间的动滑动摩擦因数为 f。质量为 m_2 的小车 D 由绞车拖动，相对于平台的运动规律为 $s = \frac{1}{2}bt^2$，其中 b 为已知常数。不计绞车的质量，求平台的加速度。

15-3　如图 15-34 所示，子弹质量为 0.15kg，以速度 $v_1 = 600$m/s 沿水平线击中圆盘的中心。设圆盘质量为 2kg，静止地放置在光滑水平支座上。如子弹穿出圆盘时的速度 $v_2 = 300$kg，试求此时圆盘的速度大小 v_3。

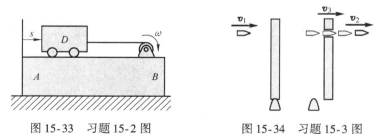

图 15-33　习题 15-2 图　　　　　图 15-34　习题 15-3 图

15-4　图 15-35 所示机构中，鼓轮的质量为 m_1，质心位于转轴 O 上。重物 A 的质量为 m_2、重物 B 的质量为 m_3。斜面光滑，倾角为 θ。若已知重物 A 的加速度为 a，试求轴 O 的约束力。

15-5　图 15-36 所示曲柄滑槽机构中，长为 l 的曲柄 OA 以匀速度 ω 绕 O 轴转动，运动开始时 $\varphi = 0$。已知均质曲柄的质量为 m_1，滑块 A 的质量为 m_2，导杆 BD 的质量为 m_3，点 G 为其质心，且 $BG = \frac{l}{2}$。求：（1）机构质量中心的运动方程；（2）作用在 O 轴的最大水平力。

15-6　三个物块的质量分别为 $m_1 = 20$kg，$m_2 = 15$kg，$m_3 = 10$kg，由一绕过两个定滑轮 M 与 N 的绳子

相连接,放在质量为 $m_4 = 100\text{kg}$ 的截头锥 $ABED$ 上,如图 15-37 所示。当物块 m_1 下降时,物块 m_2 在截头锥 $ABED$ 的上面向右移动,而物块 m_3 则沿斜面上升。如略去一切摩擦和绳子的质量,求当重物 m_1 下降 1m 时,截头锥相对地面的位移。

15-7 试求如图 15-38 所示质量均为 m 的各均质物体对其转轴 O 的动量矩。

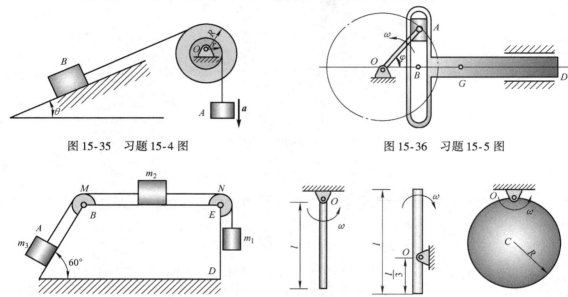

图 15-35 习题 15-4 图   图 15-36 习题 15-5 图

图 15-37 习题 15-6 图   图 15-38 习题 15-7 图

15-8 无重杆 OA 以角速度 ω_0 绕轴 O 转动,质量 $m = 25\text{kg}$、半径 $R = 200\text{mm}$ 的均重圆盘以三种方式安装于杆 OA 的点 A,如图 15-39 所示。在图 15-39a 中,圆盘与杆 OA 焊接在一起;在图 15-39b 中,圆盘与杆 OA 在点 A 铰接,且相对杆 OA 以角速度 ω_r 逆时针方向转动;在图 15-39c 中,圆盘相对杆 OA 以角速度 ω_r 顺时针方向转动。已知 $\omega_0 = \omega_r = 4\text{rad/s}$,计算在此三种情况下,圆盘对轴 O 的动量矩。

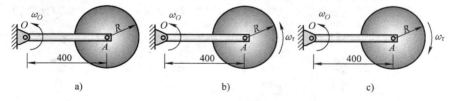

a)   b)   c)

图 15-39 习题 15-8 图

15-9 图 15-40 所示两轮的半径各为 R_1 和 R_2,其质量各为 m_1 和 m_2,两轮以胶带相连接,各绕两平行的固定轴转动。如在第一个带轮上作用矩为 M 的主动力偶,在第二个带轮上作用矩为 M' 的阻力偶。带轮可视为均质圆盘,胶带与轮间无滑动,胶带质量略去不计,求第一个带轮的角加速度。

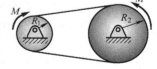

图 15-40 习题 15-9 图

15-10 如图 15-41 所示,已知重物 A、B 的质量各为 m_1、m_2;鼓轮由两个半径分别为 r_1、r_2 的圆轮固结而成,其质量为 m_3,对轴 O 的回转半径为 ρ。若鼓轮的质心位于转轴 O 处,并设 $m_1 r_1 > m_2 r_2$,试求鼓轮的角加速度。

15-11 重物 A 质量为 m_1,系在绳子上,绳子跨过不计质量的固定滑轮 D,并绕在鼓轮 B 上,如图 15-42 所示。由于重物下降,带动了轮 C,使它沿水平轨道只滚不滑。设鼓轮半径为 r,轮 C 的半径为 R,两者固连在一起,总质量为 m_2,对于其水平轴 O 的回转半径为 ρ。求重物 A 的加速度。

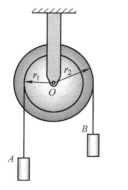

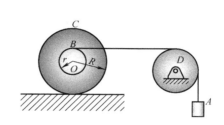

图 15-41　习题 15-10 图　　　　　图 15-42　习题 15-11 图

15-12　卷扬机如图 15-43 所示，已知轮 B、轮 C 的半径分别为 R、r，对各自水平转轴 B、C 的转动惯量分别为 J_1、J_2；重物 A 的质量为 m；在轮 C 上作用一常力偶矩 M。假设绳与轮之间不打滑，试求重物 A 上升的加速度。

15-13　图 15-44 所示弹簧原长 $l = 100$mm，刚度系数 $k = 4.9$kN/m，一端固定在点 O，此点在半径为 $R = 100$mm 的圆周上。如弹簧的另一端由点 B 拉至点 A 和由点 A 拉至点 D，其中 $AC \perp BC$，OA 和 BD 为直径。分别计算弹簧力所做的功。

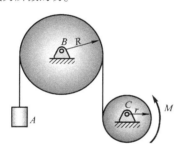

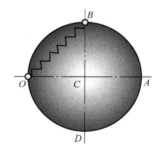

图 15-43　习题 15-12 图　　　　　图 15-44　习题 15-13 图

15-14　图 15-45 所示坦克的履带质量为 m，两个车轮的质量均为 m_1，车轮被看成均质圆盘，半径为 R，两车轮轴间的距离为 πR。设坦克前进速度为 v，试计算此质点系的动能。

15-15　如图 15-46 所示，质量为 m_1 的滑块 B 沿水平面以速度 v 移动，质量为 m_2 的物块 A 沿滑块 B 以相对速度 u 滑下。试求系统的动能。

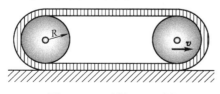

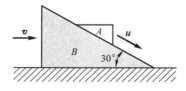

图 15-45　习题 15-14 图　　　　　图 15-46　习题 15-15 图

15-16　力偶矩 M 为常量，作用在绞车的鼓轮上，使轮转动，如图 15-47 所示。轮的半径为 r，质量为 m_1。缠绕在鼓轮上的绳子系一质量为 m_2 的重物，使其沿倾角为 θ 的斜面上升。重物与斜面间的滑动摩擦因数为 f，绳子质量不计，鼓轮可视为均质圆柱。在开始时，此系统处于静止状态。求鼓轮转过 φ 角时的角速度。

15-17　如图 15-48 所示，水平均质杆质量为 m，长为 l，C 为杆的质心。A 处为光滑铰支座，B 处为一挂钩。如 B 端突然脱落，杆转到铅垂位置时，问 b 值多大能使杆有最大角速度？

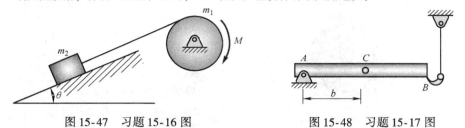

图 15-47 习题 15-16 图   图 15-48 习题 15-17 图

15-18 如图 15-49 所示，车床切削直径 $D = 48\text{mm}$ 的工件，主切削力 $F = 7.84\text{kN}$。若车床主轴转速 $n_1 = 1420\text{r/min}$，传动系统的总机械效率 $\eta = 75\%$。试求所需电动机的功率以及车床主轴、电动机主轴所受到的力偶矩。

综-1 图 15-50 所示一撞击试验机，主要部分为一质量 $m = 20\text{kg}$ 的钢铸物，固定在杆上，杆重和铰链摩擦均忽略不计。钢铸物的中心到铰链 O 的距离为 $l = 1\text{m}$，钢铸物由最高位置 A 无初速地落下。求铰链约束力，以及杆的位置 φ 等于多少时杆受力为最大或最小。

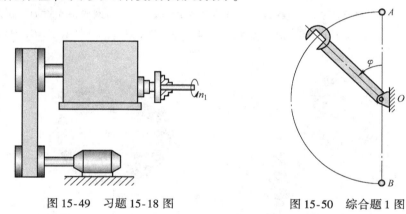

图 15-49 习题 15-18 图   图 15-50 综合题 1 图

综-2 在图 15-51 所示机构中，沿斜面纯滚动的圆柱体 O' 和鼓轮 O 为均质物体，质量均为 m，半径均为 R。绳子不能伸缩，其质量略去不计。粗糙斜面的倾角为 θ，不计滚阻力偶，如在鼓轮上作用一常力偶 M，求：(1) 鼓轮的角加速度。(2) 轴承 O 的水平约束力。

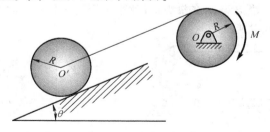

图 15-51 综合题 2 图

第16章
动 静 法

　　动静法是以达朗贝尔原理为基础求解质点系的普遍方法。动静法的特点是在引入惯性力之后，用静力学中研究平衡问题的方法来处理动力学中的不平衡问题，在工程技术中有极其广泛的应用。

16.1　质点的惯性力与动静法

　　设某质点的质量为 m，受主动力 F 和约束力 F_N 的作用，其加速度为 a，如图 16-1 所示。根据质点动力学基本方程，有

$$F + F_N = ma$$

上式移项可改写为

$$F + F_N + (-ma) = 0$$

　　令

$$F_I = -ma \tag{16-1}$$

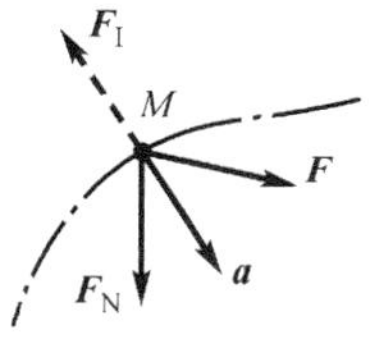

图　16-1

则有

$$F + F_N + F_I = 0 \tag{16-2}$$

　　F_I 具有力的量纲，与质点的质量有关，称为**质点的惯性力，即质点惯性力的大小等于质点的质量与加速度的乘积，方向与质点的加速度方向相反。**

　　式（16-2）表明：**任一瞬时，作用于质点上的主动力、约束力和虚加在质点上的惯性力在形式上构成平衡力系。**这称为**质点的达朗贝尔原理。**这样，用静力学列平衡方程的方法来求解动力学问题的普遍方法称为**动静法。**

　　应该指出，动静法并没有改变动力学问题的实质，质点并非真正处于平衡状态，这仅仅是一种方法上的转变。

　　例 16-1　列车在水平的轨道上行驶，车厢内悬挂一个单摆，当车厢向右做匀加速运动时，单摆以左偏角度 α 相对于车厢静止，求车厢的加速度 a。

　　解：选取单摆的摆锤为研究对象，受力分析如图 16-2 所示，虚加惯性力为

$$F_I = -ma$$

方向与车厢的加速度方向相反。

由动静法知，摆锤的重力 mg、绳子的张力 F_T 以及惯性力 F_I 在形式上构成平衡力系。列平衡方程，有

$$\sum F_x = 0, \quad mg\sin\alpha - F_I\cos\alpha = 0$$

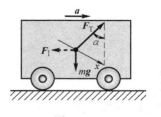

图 16-2

故得

$$a = g\tan\alpha$$

α 角随着加速度 a 的变化而变化，当 a 不变时，α 角也不变，只要测出 α 角，便能知道列车的加速度 a，这就是摆式加速计的原理。

例 16-2 如图 16-3a 所示，球磨机的滚筒内装有钢球和需要研磨的物料，以等角速度 ω 绕水平中心轴 O 转动。钢球被筒壁带到一定高度后脱离筒壁，沿抛物线轨迹落下击碎物料。已知滚筒的半径为 r，试求钢球脱离筒壁的角度 θ。

解：研究脱离筒壁前的某个钢球，其受到重力 W、筒壁的法向约束力 F_N 和切向约束力 F_t 的作用（见图 16-3b）。由于钢球在脱离筒壁前，随筒壁做匀速圆周运动，只有法向加速度 $a_n = \omega^2 r$，因此其惯性力 F_I 的大小为

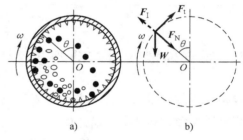

$$F_I = F_I^n = \frac{W}{g}a_n = \frac{W}{g}\omega^2 r \qquad (a)$$

方向背离中心轴 O。将惯性力 F_I 虚加在钢球上（见图 16-3b），由质点的达朗贝尔原理知，这四个力在形式上构成平衡力系。

图 16-3

沿法向列出平衡方程，有

$$F_N + W\cos\theta - F_I = 0 \qquad (b)$$

将式（a）代入式（b），解得筒壁的法向约束力为

$$F_N = W\left(\frac{\omega^2 r}{g} - \cos\theta\right)$$

在钢球脱离筒壁的瞬时，$F_N = 0$，代入上式即得钢球脱离角

$$\theta = \arccos\left(\frac{\omega^2 r}{g}\right)$$

由结果可见，当 $\omega^2 r/g = 1$ 时，$\theta = 0$，这意味着钢球始终不会脱离筒壁。此时筒壁的角速度为

$$\omega_{cr} = \sqrt{\frac{g}{r}}$$

ω_{cr} 称为临界角速度。显然，对球磨机而言，应有 $\omega < \omega_{cr}$；而对离心浇铸机来说，为使熔体在旋转的铸模内能够紧贴内壁而成型，则要求 $\omega > \omega_{cr}$。

16.2 质点系的动静法

设质点系由 n 个质点组成，其中任一质点的质量为 m_i，加速度为 $\boldsymbol{a}_i$，将作用于此质点上的作用力分为主动力的合力 $\boldsymbol{F}_i$、约束力的合力 $\boldsymbol{F}_{Ni}$，并虚加上惯性力 $\boldsymbol{F}_{Ii} = -m_i\boldsymbol{a}_i$，根据质点的达朗贝尔原理，则有

$$\boldsymbol{F}_i + \boldsymbol{F}_{Ni} + \boldsymbol{F}_{Ii} = \boldsymbol{0} \qquad (i = 1, 2, \cdots, n) \tag{16-3}$$

式（16-3）表明，**质点系中每个质点上作用的主动力、约束力和它的惯性力在形式上组成平衡力系，这就是质点系的达朗贝尔原理。**

将作用于第 i 个质点上的所有力分为外力合力 $\boldsymbol{F}_i^{(e)}$、内力合力 $\boldsymbol{F}_i^{(i)}$，则式（16-3）可改写为

$$\boldsymbol{F}_i^{(e)} + \boldsymbol{F}_i^{(i)} + \boldsymbol{F}_{Ii} = \boldsymbol{0} \qquad (i = 1,2,\cdots,n)$$

由空间任意力系平衡的充分必要条件可知，这个受力"平衡"的质点系的外力、内力和惯性力必然满足力系的主矢和对于任一点的主矩等于零的条件，即

$$\sum \boldsymbol{F}_i^{(e)} + \sum \boldsymbol{F}_i^{(i)} + \sum \boldsymbol{F}_{Ii} = \boldsymbol{0}$$

$$\sum \boldsymbol{M}_O(\boldsymbol{F}_i^{(e)}) + \sum \boldsymbol{M}_O(\boldsymbol{F}_i^{(i)}) + \sum \boldsymbol{M}_O(\boldsymbol{F}_{Ii}) = 0$$

由于质点系的内力总是成对存在，且等值、反向、共线，因此有 $\sum \boldsymbol{F}_i^{(i)} = \boldsymbol{0}$ 和 $\sum \boldsymbol{M}_O(\boldsymbol{F}_i^{(i)}) = 0$，于是有

$$\left. \begin{array}{l} \sum \boldsymbol{F}_i^{(e)} + \sum \boldsymbol{F}_{Ii} = \boldsymbol{0} \\ \sum \boldsymbol{M}_O(\boldsymbol{F}_i^{(e)}) + \sum \boldsymbol{M}_O(\boldsymbol{F}_{Ii}) = 0 \end{array} \right\} \tag{16-4}$$

式（16-4）表明，**作用在质点系上的所有外力与虚加在每个质点上的惯性力在形式上组成平衡力系。** 这在形式上也是一个平衡力系，因而可用静力学各章所述求解各种平衡力系的方法，求解动力学问题。

例 16-3 如图 16-4a 所示，细绳绕过半径 $r = 100\text{mm}$、质量可以忽略不计的定滑轮，绳的两端分别悬挂物块 A 和 B，两物块重 $W_A = 4\text{kN}$、$W_B = 1\text{kN}$，滑轮上作用一力偶矩 $M = 0.4\text{kN} \cdot \text{m}$ 的力偶。假设绳与轮之间无相对滑动，并不计轴承摩擦，试求物块的加速度与轴 O 处的约束力。

解： 将物块视为质点，选取物块 A、B 与滑轮组成的质点系为研究对象，其上所受外力有重力 W_A、W_B、力偶矩 M 和轴 O 处的约束力 $\boldsymbol{F}_{Ox}$、$\boldsymbol{F}_{Oy}$。

由题意知，物块 A 上升的加速度与物块 B 下降的加速度大小相等，令 $a_A = a_B = a$，两物块惯性力的大小分别为

$$F_{IA} = \frac{W_A}{g}a, \quad F_{IB} = \frac{W_B}{g}a \tag{a}$$

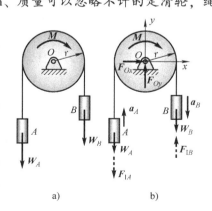

图 16-4

方向与各自加速度方向相反。

将惯性力 F_{IA}、F_{IB} 分别虚加在物块 A、B 上（见图 16-4b），由动静法知，所有外力与惯性力在形式上构成平衡力系。

建立直角坐标系，列平衡方程，有

$$\sum F_x = 0, \quad F_{Ox} = 0$$

$$\sum F_y = 0, \quad F_{Oy} - W_A - W_B - F_{IA} + F_{IB} = 0$$

$$\sum M_O(F) = 0, \quad -M + W_A r - W_B r + F_{IA} r + F_{IB} r = 0$$

将式（a）和已知数据代入上述平衡方程，解得物块的加速度与轴 O 的约束力分别为

$$a = \frac{M + (W_B - W_A)r}{(W_A + W_B)r} g = 1.96\text{m/s}^2$$

$$F_{Ox} = 0, \quad F_{Oy} = W_A + W_B + (W_A - W_B)\frac{a}{g} = 5.6\text{kN}$$

16.3 刚体上惯性力系的简化

在运用动静法求解质点系的动力学问题时，需要在每个质点上虚加惯性力，这对刚体来说难以做到，因为刚体是由无数个质点组成的。为了应用方便，需要运用静力学的力系简化与合成理论，对刚体上无数个质点的惯性力构成的惯性力系进行简化与合成，以使动静法能够方便地运用于刚体。

常见的刚体运动有平动、定轴转动和平面运动。

1. 平移刚体上惯性力系的简化

刚体平移时，其上各点的加速度都相同，都等于质心 C 的加速度 a_C。因此，各质点的惯性力 F_{Ii} 的方向均与 a_C 的方向相反，它们组成一个同向的平行力系。显然，该平行力系可合成为一个作用线通过质心 C 的合力：

$$F_{IR} = -ma_C \tag{16-5}$$

刚体平移时，惯性力对任意点的主矩一般不为零。若选取质心作为简化中心，其主矩为零，简化为一合力。

因此有：**平移刚体上的惯性力系可简化为一个作用线通过质心的合力，合力的大小等于刚体的质量与质心加速度的乘积，方向与质心加速度的方向相反。**

2. 绕定轴转动刚体上惯性力系的简化

假设刚体具有质量对称平面，且绕垂直于该质量对称平面的定轴转动，如带轮、砂轮、齿轮等。此时，利用对称性，可先将空间刚体上的空间惯性力系转化为在质量对称平面的平面惯性力系，然后再将其向转轴与质量对称平面的交点 O 简化，得到一个主矢 F_{IR} 和一个主矩 M_{IO}（见图 16-5）。可以证明，该主矢和主矩分别为

$$F_{IR} = -ma_C \tag{16-6}$$

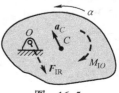

图 16-5

$$M_{IO} = -J_O\alpha \tag{16-7}$$

式中，a_C 为刚体质心加速度；α 为刚体角加速度；m 为刚体质量；J_O 为刚体对转轴 O 的转动惯量。结论：**具有质量对称平面的刚体绕垂直于质量对称平面的定轴转动时，刚体上惯性力系向转轴简化的结果一般为位于质量对称平面内的一个主矢和一个主矩。其中，主矢的大小等于刚体的质量与质心加速度的乘积，方向与质心加速度方向相反，作用线通过转轴；主矩的大小等于刚体对转轴的转动惯量与角加速度的乘积，转向与角加速度转向相反。**

讨论：

1) 转轴不通过质心，刚体做匀速转动，如图 16-6a 所示。

此时，$\alpha = 0$，从而 $M_{IO} = 0$，惯性力系合成为一个作用线通过转轴的合力，其大小 $F_{IR} = mr_C\omega^2$（其中 ω 为刚体的角速度，r_C 为质心的转动半径），方向由转轴 O 指向质心 C。

2) 转轴通过质心，刚体做变速转动，如图 16-6b 所示。

此时，$a_C = 0$，从而 $F_{IR} = 0$，惯性力系合成为一个合力偶，主矩的大小 $M_{IO} = J_O\alpha$，转向与角加速度 α 的转向相反。

3) 转轴通过质心，刚体做匀速转动，如图 16-6c 所示。

此时，$F_{IR} = 0$，$M_{IO} = 0$，惯性力系自行平衡，这种情形称为**动平衡**。

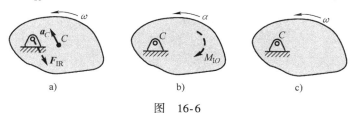

a)   b)   c)

图 16-6

3. 平面运动刚体上惯性力系的简化

工作中，做平面运动的刚体常常有质量对称平面，且平行于该平面运动，现仅限于讨论此情况下惯性力系的简化。此时，与刚体绕定轴转动类似，可先将刚体上的空间惯性力系转化为在质量对称平面内的平面惯性力系，然后再将其向质心 C 简化，得到一个主矢 F_{IR} 和一个主矩 M_{IC}（见图 16-7），它们分别为

$$\begin{cases} F_{IR} = -ma_C \\ M_{IC} = -J_C\alpha \end{cases} \tag{16-8}$$

式中，a_C 为刚体质心加速度；α 为刚体角加速度；m 为刚体质量；J_C 为刚体对垂直于质量对称平面的质心轴 C 的转动惯量。

图 16-7

结论：**具有质量对称平面的刚体平行于质量对称平面运动时，刚体上惯性力系向质心简化的结果一般为位于质量对称平面内的一个主矢和一个主矩。其中，主矢的大小等于刚体的质量与质心的加速度的乘积，方向与质心加速度方向相反，作用线通过质心；主矩的大小等于刚体对垂直于质量对称平面的质心轴的转动惯量与角加速度的乘积，转向与角加速度转向相反。**

例 16-4 如图 16-8 所示，牵引车的主动轮质量为 m，半径为 R，沿水平直线轨道滚动，设车轮受到的主动力可简化为作用于质心的两个力 F_1、F_2 及驱动力偶矩 M，车轮对于通过质心 C 并垂直于轮盘的轴的回转半径为 ρ，轮与轨道间的静摩擦因数为 μ_s。试求在车轮纯滚动的条件下，驱动力偶矩 M 的最大值。

解：取轮为研究对象，受力分析图如图 16-8 所示，虚加的惯性力系为

$$F_{IR} = ma_C = mR\alpha, \qquad M_{IC} = J_C\alpha = m\rho^2\alpha$$

根据动静法列平衡方程

$$\sum F_x = 0, \quad F_s - F_2 - F_{IR} = 0 \qquad (a)$$

$$\sum F_y = 0, \quad F_N - mg - F_1 = 0 \qquad (b)$$

$$\sum M_C(F) = 0, \quad -M + F_s R + M_{IC} = 0 \qquad (c)$$

图 16-8

其中，F_s 为车轮的摩擦力。

由式（a）得 $F_{IR} = mR\alpha = F_s - F_2$，即 $\alpha = \dfrac{F_s - F_2}{mR}$，代入式（c）得

$$M = F_s R + M_{IC} = F_s R + m\rho^2\dfrac{F_s - F_2}{mR}$$

进一步计算得

$$M = F_s R + \dfrac{\rho^2}{R}(F_s - F_2) = F_s\left(\dfrac{\rho^2}{R} + R\right) - F_2\dfrac{\rho^2}{R} \qquad (d)$$

由式（b）得

$$F_N = mg + F_1$$

要保证车轮不滑动，必须有

$$F_s < \mu_s F_N = \mu_s(mg + F_1) \qquad (e)$$

将式（e）代入式（d）得

$$M < \mu_s(mg + F_1)\left(\dfrac{\rho^2}{R} + R\right) - F_2\dfrac{\rho^2}{R}$$

由此可见，摩擦因数 μ_s 越大，越不易滑动。下雨天摩擦因数 μ_s 变小，容易打滑。

例 16-5 如图 16-9 所示，电动绞车安装在梁上，梁的两端放在支座 A、B 上。设梁与绞车共重 W，绞车半径为 r，并与电动机转子固连，它们总的转动惯量为 J，质心位于转轴 O 处。现绞车以加速度 a 提升质量为 m 的重物，试求支座 A、B 的约束力。

解：选取整个系统为研究对象，作用在系统上的外力有梁与绞车的重力 W、提升物体的重力 mg 和支座 A、B 的约束力 F_A、F_B。

重物可视为质点，其惯性力的大小为 $F_I = ma$，方向与 a 的方向相反；绞车绕质心轴 O 转动，其上的惯性力系合成为一个力偶，其矩大小为 $M_{IO} = J\alpha = J\dfrac{a}{r}$，转向与绞车角加速度 α 的转向相反，如

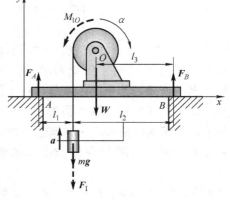

图 16-9

图 16-9 所示。

根据动静法，列平衡方程

$$\sum M_B(\boldsymbol{F}) = 0, \ -F_A(l_1 + l_2) + F_1 l_2 + mgl_2 + Wl_3 + M_{IO} = 0$$

$$\sum F_y = 0, \ F_A + F_B - mg - F_I - W = 0$$

联立解得支座 A、B 的约束力分别为

$$F_A = \frac{1}{l_1 + l_2}\left[mgl_2 + Wl_3 + a\left(ml_2 + \frac{J}{r} \right) \right]$$

$$F_B = \frac{1}{l_1 + l_2}\left[mgl_1 + W(l_1 + l_2 + l_3) + a\left(ml_1 - \frac{J}{r} \right) \right]$$

例 16-6 如图 16-10a 所示，质量分别为 m_1 和 m_2 的物块 A 和 B，分别系在两条绳子上，绳子又分别绕在半径分别为 r_1 和 r_2 并固连在一起的两个鼓轮上。已知两轮共重 W，对转轴 O 的转动惯量为 J，且 $m_1 r_1 > m_2 r_2$，鼓轮的质心位于转轴 O 上。系统在重力作用下发生运动，试求鼓轮的角加速度以及轴承 O 的约束力。

解：选取整个系统为研究对象，作用于系统上的外力有重力 $m_1\boldsymbol{g}$、$m_2\boldsymbol{g}$、$\boldsymbol{W}$ 和轴承的约束力 $\boldsymbol{F}_{Ox}$、$\boldsymbol{F}_{Oy}$。

物块 A、B 可视为质点，其惯性力的大小分别为 $F_{I1} = m_1 a_1$、$F_{I2} = m_2 a_2$，方向与各自加速度 $\boldsymbol{a}_1$、$\boldsymbol{a}_2$ 的方向相反。鼓轮绕质心轴 O 转动，其上的惯性力系合成为一个力偶，其矩的大小为 $M_{IO} = J\alpha$，转向与鼓轮角加速度 α 相反，如图 16-10b 所示。

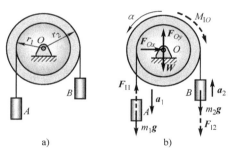

图 16-10

根据达朗贝尔原理，列平衡方程

$$\sum M_O(\boldsymbol{F}) = 0, \ m_1 gr_1 - F_{I1}r_1 - M_{IO} - m_2 gr_2 - F_{I2}r_2 = 0$$

$$\sum F_x = 0, \ F_{Ox} = 0$$

$$\sum F_y = 0, \ F_{Oy} - m_1 g - m_2 g - W + F_{I1} - F_{I2} = 0$$

将 $F_{I1} = m_1 a_1$、$F_{I2} = m_2 a_2$、$M_{IO} = J\alpha$ 和 $a_1 = r_1\alpha$、$a_2 = r_2\alpha$ 代入上述平衡方程，解得鼓轮的角加速度

$$\alpha = \frac{(m_1 r_1 - m_2 r_2)g}{m_1 r_1^2 + m_2 r_2^2 + J}$$

轴承 O 的约束力为

$$F_{Ox} = 0, \quad F_{Oy} = (m_1 + m_2)g + W - \frac{(m_1 r_1 - m_2 r_2)^2 g}{m_1 r_1^2 + m_2 r_2^2 + J}$$

例 16-7 匀质圆柱体的质量为 m，半径为 R，在外缘上绕有一细绳，绳的一段固定在天花板上，如图 16-11a 所示。圆柱体无初速度地自由下降，若绳与圆柱体之间无相对滑动，试求圆柱体质心 C 的加速度和绳的拉力。

解：取圆柱体为研究对象，其上的作用力有圆柱体的重力 mg 和绳的拉力 F_T。

圆柱体做平面运动，其上惯性力系简化为一个作用力通过质心 C 的惯性主矢 F_{IR} 和一个惯性主矩 M_{IC}（见图16-11b），其大小分别为

$$F_{IR} = ma_C, \qquad M_{IC} = J_C\alpha$$

其中，$a_C = R\alpha$，$J_C = \frac{1}{2}mR^2$。

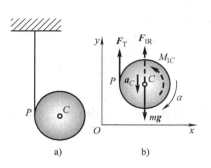

图 16-11

根据达朗贝尔原理，列平衡方程

$$\sum M_P(\boldsymbol{F}) = 0, \quad (F_{IR} - mg)R - M_{IC} = 0$$

$$\sum F_y = 0, \quad -mg + F_T + F_{IR} = 0$$

联立求解上述各式，即得圆柱体质心 C 的加速度和绳的拉力分别为

$$a_C = \frac{2}{3}g, \qquad F_T = \frac{1}{3}mg$$

16.4 绕定轴转动刚体的轴承约束力

为了研究定轴转动刚体的轴承约束力，我们首先看一个工程实例。

例16-8 如图16-12所示，已知飞轮的质量 $m = 20\text{kg}$；转轴 AB 垂直于飞轮的质量对称平面；飞轮质心 C 不在转轴上，偏心距 $e = 0.1\text{mm}$，若转轴质量忽略不计，试求当飞轮以转速 $n = 12000\text{r/min}$ 匀速转动时，向心轴承 A、B 的最大约束力。

解：取飞轮与转轴整体为研究对象。显然，当飞轮质心 C 位于正下方时，轴承处的约束力最大，对应受力图如图16-12所示。

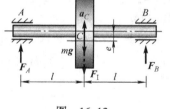

图 16-12

由于飞轮匀速转动，故飞轮上的惯性力系可合成为一个合力，其大小为

$$F_I = ma_C = me\omega^2 = 20\text{kg} \times 0.1 \times 10^{-3}\text{m} \times \left(\frac{12000\pi}{30}\text{rad/s}\right)^2 = 3160\text{N}$$

根据达朗贝尔原理，由平衡方程易得向心轴承 A、B 的最大约束力为

$$F_A = F_B = \frac{1}{2}(mg + F_I) = 98\text{N} + 1580\text{N} = 1678\text{N}$$

讨论：在上述计算中，98N 是飞轮自重引起的，称为轴承静约束力；1580N 是飞轮转动惯性力引起的，称为轴承附加动约束力；轴承静约束力与附加动约束力之和称为轴承动约束力。注意到，在高速转动下，0.1mm 的偏心距所引起的轴承附加动约束力高达静约束力的16 倍之多，而且转速越高，偏心距越大，轴承附加动约束力越大，导致轴承磨损加快，甚至引起轴承的破坏。同时注意到，惯性力 F_I 的方向随刚体的旋转而呈周期性变化，使轴承

附加动约束力的大小与方向也发生周期性地变化，势必会引起机器的振动与噪声，同样也会加速轴承的磨损与破坏，因此必须尽量减小与消除偏心距。

工程实践中，有大量绕定轴转动的刚体，如柴油机、电动机、车床主轴等，如何让这些机械在转动时不产生破坏、振动与噪声，从而延长机器的寿命是工程师相当关心的问题。从理论上和从实践上这都是可以做到的，只要让这些机械转动起来之后与不转动时轴承受力一样，则一般来说这些机器就不会产生振动、破坏与噪声。那么对于绕定轴转动的刚体，如果能够消除轴承附加动约束力，从而使轴承只受到静约束力，则可以消除机器的振动、破坏与噪声，为此，只需先把任意一个绕定轴转动刚体的轴承全部约束力求出来，再推导出消除附加动约束力的条件即可。

如图 16-13 所示，设刚体以角速度 ω、角加速度 α 绕转轴 z 转动，取转轴 z 上任一点 O 为坐标原点，建立直角坐标系 $Oxyz$，将其上惯性力系向坐标原点 O 简化，一般可得一主矢 F_{IR} 和一主矩矢 M_{IO}。可以证明，惯性力系的主矢

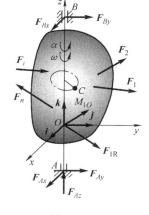

$$F_{IR} = -ma_C \tag{16-9}$$

式中，m 为刚体质量；a_C 为刚体质心 C 的加速度。

惯性力系的主矩矢为

$$M_{IO} = M_{Ix}i + M_{Iy}j + M_{Iz}k = (J_{zx}\alpha - J_{yz}\omega^2)i + (J_{yz}\alpha + J_{zx}\omega^2)j - J_z\alpha k \tag{16-10}$$

式中，

$$J_{yz} = \sum (m_i y_i z_i), \quad J_{zx} = \sum (m_i z_i x_i) \tag{16-11}$$

分别称为刚体对轴 y、z 和对轴 z、x 的惯性积。

图 16-13

在上述惯性力系的简化结果中，$M_{Iz} = -J_z\alpha$ 是惯性力系对转轴 z 的主矩，故要使轴承附加动约束力为零，必须有

$$\begin{cases} a_C = 0 \\ J_{yz} = J_{zx} = 0 \end{cases} \tag{16-12}$$

上式即为消除绕定轴转动刚体的轴承附加动约束力的条件。前一条件要求转轴 z 通过刚体质心 C；而满足后一条件的轴 z 称为**惯性主轴**，即如果刚体对于通过某点的轴 z 的惯性积 J_{xz} 和 J_{yz} 等于零，则称此轴为过该点的**惯性主轴**，通过质心的惯性主轴称为**中心惯性主轴**。可以证明，若刚体具有质量对称平面，则**垂直于质量对称平面的质心轴就是中心惯性主轴**。

最后，再介绍一下绕定轴转动刚体的静平衡和动平衡的概念。若刚体的主轴通过质心，刚体除重力外，不受其他主动力的作用，则刚体可以在任意位置静止，这种现象称为绕定轴转动刚体的**静平衡**；若刚体的转轴为中心惯性主轴，即除了要求静平衡之外，还应要求惯性力系在通过转轴的平面内的惯性力偶矩也为零，则刚体转动时不会引起轴承附加动约束力，这种现象称为绕定轴转动刚体的**动平衡**。工程中，为了避免出现轴承动约束力，对于高速转动的部件，必须通过专门的静平衡和动平衡试验机进行平衡找正，根据实验数据，在刚体的适当位置上附加一些质量或去掉一些质量，使之尽量实现静平衡和动平衡。

当然，工程中也有相反的实例，如某些打夯机，就是在制造定轴转动刚体时故意制造出

偏心距，利用偏心块的运动来夯实地基的。

思 考 题

16-1 应用动静法时，是否运动着的质点都应加上惯性力？

16-2 怎样确定质心的位置？它与重心有无区别？

16-3 刚体上的惯性力系向任一点简化所得的主矢是否相同？主矩呢？

16-4 做匀速运动的质点的惯性力一定为零。试问这一表述是否正确？为什么？

16-5 绕定轴转动的刚体的轴承附加约束力有何危害？如何消除绕定轴转动的刚体的轴承附加约束力？

16-6 何谓绕定轴转动刚体的静平衡和动平衡？如何实现绕定轴转动刚体的静平衡和动平衡？

16-7 如图 16-14 所示，不计质量的轴上用不计质量的细杆固连着几个质量均等于 m 的小球，当轴以匀角速度 ω 转动时，图示各情况中哪些属于动平衡？哪些只属于静平衡？哪些以上两种情况都不属于？

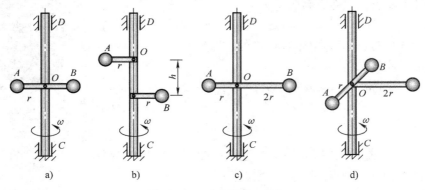

图 16-14 思考题 16-7 图

习 题

16-1 如图 16-15 所示，质量 $m = 10\text{kg}$ 的物块 A 沿与铅垂面夹角 $\theta = 60°$ 的悬臂梁下滑。当物块下滑至距固定端 O 的距离 $l = 0.6\text{m}$ 时，其加速度 $a = 2\text{m/s}^2$。忽略物块尺寸和悬臂梁的自重，试求该瞬时固定端 O 的约束力。

16-2 图 16-16 所示为研究交变拉力、压力对金属试件的影响，将试件 BD 的上端连接在曲柄连杆机构的滑块上，而试件的下端挂一质量为 m 的重锤。已知曲柄 $OA = r$，连杆 $AB = l$，求当曲柄以匀角速度 ω 转动时，金属试件所受的拉力。

16-3 如图 16-17 所示，汽车的重为 W，以加速度 a 做水平直线运动，其重心 C 离地面的高度为 h，前、后轮到重心的水平距离分别为 d 和 b，求：（1）汽车前、后轮与地面的正压力；（2）汽车应怎样行驶，才能使前、后轮与地面间的压力正好相等。

16-4 如图 16-18 所示，绞车鼓轮的直径 $d = 50\text{cm}$，鼓轮对其转轴的转动惯量 $J = 0.064\text{kg} \cdot \text{m}^2$，重物质量为 50kg，若鼓轮受力矩 $M = 150\text{N} \cdot \text{m}$ 的作用，求重物上升的加速度和钢丝绳的拉力。

16-5 如图 16-19 所示，重为 1kN、半径为 1m 的均质圆盘，以转速 $n = 240\text{r/min}$ 绕 O 轴转动，设有一常力 F 作用于闸杆的一端，使轮经 10s 后停止转动。已知摩擦因数 $\mu = 0.1$，求力 F 的大小。

16-6 如图 16-20 所示，质量为 m 的物体绕水平轴 O 转动，开始时 $\varphi = \varphi_0$，无初速度释放，对质心 C

的回转半径为 ρ，$OC = b$，求任意位置 φ 时轴承 O 的约束力，比较本题用动静法的优缺点。

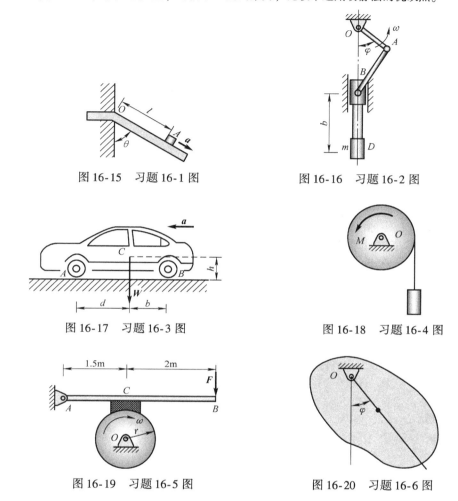

图 16-15　习题 16-1 图

图 16-16　习题 16-2 图

图 16-17　习题 16-3 图

图 16-18　习题 16-4 图

图 16-19　习题 16-5 图

图 16-20　习题 16-6 图

16-7　如图 16-21 所示，轮轴质心位于 O 处，对轴 O 的转动惯量为 J_O。在轴轮上系有两个质量分别为 m_1 和 m_2 的物体。若此轮轴以顺时针转向转动，求轮轴的角加速度 α 和轴承 O 的附加动约束力。

16-8　如图 16-22 所示，质量为 m_1 的物体 A 下落时，带动质量为 m_2 的均质圆盘 B 转动。若不计支架和绳子的重量及轴上的摩擦，$BC = l$，盘 B 的半径为 R，求固定端 C 的约束力。

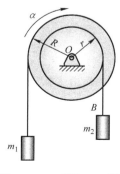

图 16-21　习题 16-7 图

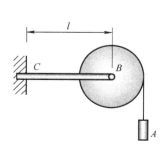

图 16-22　习题 16-8 图

16-9 图 16-23 所示为升降重物用的叉车，B 为可动圆滚（滚动支座），叉头 DBC 用铰链 C 与铅直导杆连接。由于液压机构的作用，可使导杆在铅直方向上升或下降，因而可升降重物。已知叉车连同铅直导杆的质量为 1500kg，质心在 G_1；叉头与重物的共同质量为 800kg，质心在 G_2。如果叉头向上的加速度使得后轮 A 的约束力等于零，求这时滚轮 B 的约束力。

16-10 如图 16-24 所示，电动机的外壳用螺栓固定在水平基础上。外壳与定子的总质量为 m_1，质心位于转轴中心 O 处，转子质量为 m_2，由于制造精度的误差，转子的质心 C 到转轴中心 O 有一偏心距 e。若转子匀速转动，角速度为 ω，试用动静法求基础的最大约束力。

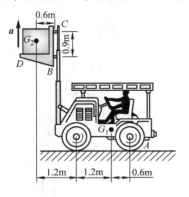

图 16-23 习题 16-9 图

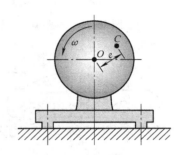

图 16-24 习题 16-10 图

16-11 转速表的简化模型如图 16-25 所示。长为 $2l$ 的杆 CD 的两端各有一质量为 m 的小球，并通过一盘簧与转轴 AB 在各自中点铰接。当转轴 AB 转动时，杆 CD 与转轴 AB 间的夹角 φ 就发生变化。设 $\omega = 0$ 时，$\varphi = \varphi_0$，且盘簧不受力。已知盘簧产生的转矩 M 与 φ 角的关系为 $M = k(\varphi - \varphi_0)$，其中 k 为盘簧的刚度系数。若不计杆 CD 的质量，试求角速度 ω 与 φ 之间的关系。

16-12 如图 16-26 所示，长为 l、质量为 m 的均质杆 AD 用固定铰支座 B 与绳 AC 维持水平位置，若将绳突然剪断，试求此瞬时杆 AD 的角加速度和固定铰支座 B 的约束力。

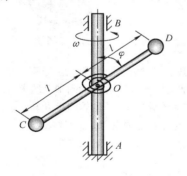

图 16-25 习题 16-11 图

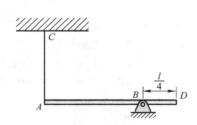

图 16-26 习题 16-12 图

16-13 如图 16-27 所示，边长 $b = 100\text{mm}$ 的正方形均质板重 400N。由三根绳拉住，其中，$AB \ // DE$。试求当绳 HG 被剪断的瞬时，AD 和 BE 两绳的张力。

16-14 如图 16-28 所示，铅直面内曲柄连杆滑块机构中，均质直杆 $OA = r$，$OB = 2r$，质量分别为 m 和 $2m$，滑块质量为 m_0。曲柄 OA 匀速转动，角速度为 ω_0。在图示瞬时，滑块运行阻力为 F。不计摩擦，求滑道对滑块的约束力及 OA 上的驱动力偶矩 M_0。

16-15 如图 16-29 所示，曲柄 OA 质量为 m_1，长为 r，以等角速度 ω 绕水平轴 O 逆时针方向转动。曲柄的 A 端推动水平板 B，使质量为 m_2 的滑杆 C 沿铅垂方向运动。忽略摩擦，求当曲柄与水平方向夹角 $\theta =$

30°时的力偶矩 M 及轴承 O 的约束力。

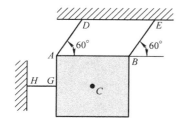

图 16-27 习题 16-13 图

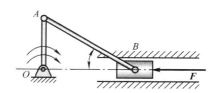

图 16-28 习题 16-14 图

16-16 如图 16-30 所示，磨刀砂轮 I 质量 $m_1 = 1$kg，其偏心距 $e_1 = 0.5$mm；小砂轮 II 质量 $m_2 = 0.5$kg，偏心距 $e_2 = 1$mm；电动机转子 III 质量 $m_3 = 8$kg，无偏心，带动砂轮旋转，转速 $n = 3000$r/min。求转动时轴承 A、B 的附加动约束力。

16-17 使图 16-31 所示轴动平衡，在平面 A、B 上各放置一质点，离轴中心线 300mm。求质量 m_A、m_B 与方位。已知 $m_1 = 2$kg，$m_2 = 4$kg。

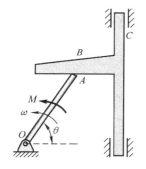

图 16-29 习题 16-15 图

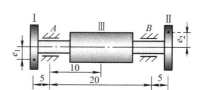

图 16-30 习题 16-16 图

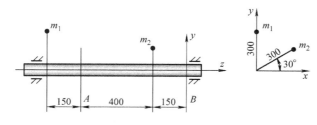

图 16-31 习题 16-17 图

第 17 章
动载荷与疲劳

若构件上作用的载荷不随时间变化或变化极其缓慢，使得构件中各点的加速度保持为零或小到可忽略不计，此时的载荷称为**静载荷**。若载荷随时间明显变化，使得此时构件中各点的速度有显著变化，这样的载荷称为动载荷。有动载荷作用的杆件在设计计算中，需要考虑加速度的影响。在工程实际中这样的情况很多，如高速旋转的部件或加速提升的构件，锻压气锤锤杆、紧急制动的转轴等。此外，大量的机械零件长期受到周期变化的载荷作用也属于动载荷的范畴。

实验结果表明，在静载荷下服从胡克定律的材料，只要应力不超过比例极限，在动载荷下胡克定律仍成立，且弹性模量也与静载荷下的数值相同。

根据加载的速度与性质，可分为三类动载荷问题：①构件做等加速直线运动和等速转动时的动应力计算；②构件在受冲击和做强迫振动时的动应力计算；③构件在交变应力作用下的疲劳破坏和疲劳强度计算。本章将讨论这三类问题以及在这三种情况下的动应力计算方法。

17.1　动应力计算

根据达朗贝尔原理，在质点系上虚加惯性力系，则质点系上的原力系与惯性力系组成平衡力系，这样可以把动力学问题在形式上作为静力学问题处理。因此，对于有加速度的构件，要计算其应力和变形，可先采用动静法将其转化为静载荷问题，再用前面所学的方法计算构件的应力和变形。

17.1.1　构件做匀加速直线运动

如图 17-1a 所示，一横截面面积为 A 且不计重量的钢索，以等加速度 a 起吊质量为 m 的重物 M。研究重物，将惯性力 F_{I} 加在重物上，它与重物 M 的重力和提升力 F_{d} 组成平衡力系，如图 17-1b 所示。依据动静法可以求钢索提升力 F_{d}。

由静力平衡方程

$$F_{\mathrm{d}} - mg - F_{\mathrm{I}} = 0$$

其中 $F_{\mathrm{I}} = ma$，则有

$$F_d = mg + ma = mg\left(1 + \frac{a}{g}\right)$$

从而可求得钢索横截面上的动应力为

$$\sigma_d = \frac{F_d}{A} = \left(1 + \frac{a}{g}\right)\frac{mg}{A} = \left(1 + \frac{a}{g}\right)\sigma_{st} = K_d\sigma_{st}$$

式中，$\sigma_{st} = \dfrac{mg}{A}$ 是重力作为静载荷作用时钢索横截面上的应力；

$$K_d = 1 + \frac{a}{g} \qquad (17\text{-}1)$$

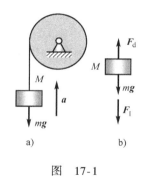

图　17-1

称 K_d 为动荷因数。对于有动载荷作用的构件，常用动荷因数来反映动载荷的效应，此时钢索的强度条件为

$$\sigma_d = K_d\sigma_{st} \leqslant [\sigma] \qquad (17\text{-}2)$$

由于 K_d 中已经包含了动载荷的影响，则 $[\sigma]$ 即为静载荷作用下的许用应力。

在结构的动力计算中，只需要将静力计算的结果乘上一个动荷因数，就可以得到所需要的结果，即通过动荷因数将动力计算问题转化为静力计算问题。但应注意，对不同类型的动力问题，其动荷因数 K_d 是不相同的。

17.1.2　构件做匀速转动

图 17-2a 所示圆环以匀角速度 ω 绕通过其圆心且垂直于环平面的轴转动。圆环的平均直径为 D，壁厚为 t，横截面面积为 A，单位体积的重量为 γ，弹性模量为 E。因圆环匀速转动，故环内各点只有向心加速度。若圆环的厚度 t 远小于直径 D，可近似地认为环内各点的向心加速度大小相等，且都等于 $a_n = D\omega^2/2$，如图 17-2b 所示，沿圆环轴线均匀分布的惯性力集度 q_d，方向背离圆心，即

$$q_d = \frac{1 \cdot A \cdot \gamma}{g}a_n = \frac{A\gamma D}{2g}\omega^2$$

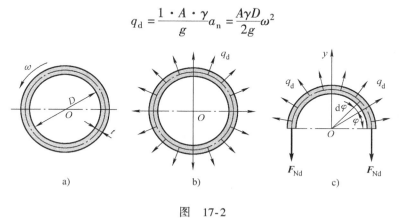

图　17-2

上述分布惯性力构成全环上的平衡力系。用截面平衡法可求得圆环横截面上的内力 F_{Nd}。F_{Nd} 的计算，可利用积分的方法求得 y 方向惯性力的合力。亦可等价地将 q_d 视为"内压"。由半个圆环（图 17-2c）的平衡方程 $\sum F_y = 0$，得

$$2F_{Nd} = \int_0^\pi q_d\sin\varphi \cdot \frac{D}{2}\mathrm{d}\varphi = q_dD$$

$$F_{Nd} = \frac{q_d D}{2} = \frac{A\gamma D^2}{4g}\omega^2$$

于是横截面上的正应力为

$$\sigma_d = \frac{F_{Nd}}{A} = \frac{\gamma D^2 \omega^2}{4g} = \frac{\gamma v^2}{g} \tag{17-3}$$

其中，$v = \dfrac{D\omega}{2}$ 为圆环轴线上点的线速度。强度条件是

$$\sigma_d = \frac{\gamma D^2 \omega^2}{4g} \leqslant [\sigma] \tag{17-4}$$

由式（17-4）可知，要保证圆环的强度，只能限制圆环的转速，增大横截面面积 A 并不能提高圆环的强度。圆环的极限角速度为

$$\omega_u = \frac{2}{D}\sqrt{\frac{g[\sigma]}{\gamma}} \tag{17-5}$$

例 17-1 图 17-3 所示机车车轮以 $n = 300\text{r/min}$ 的转速旋转。连杆 AB 的横截面为矩形，$h = 5.6\text{cm}$，$b = 2.8\text{cm}$，长度 $l = 2\text{m}$，$r = 25\text{cm}$，材料的比重为 $\gamma = 76.5\text{kN/m}^3$，$E = 200\text{GPa}$。试确定连杆最危险的位置和杆内最大正应力。

解：连杆做平行移动，在最低位置时惯性力与平行杆轴线垂直，且与重力的方向一致，故连杆在最低位置时是最危险位置。此时，连杆可看成一受均布载荷的杆。由自重产生的均布载荷集度

$$q_1 = A\gamma$$

由惯性力产生的均布载荷集度

$$q_2 = \frac{q_1}{g}r\omega^2$$

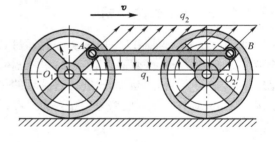

图 17-3

连杆总的均布载荷集度为

$$q = q_1 + q_2 = A\gamma\left(1 + \frac{r\omega^2}{g}\right) = bh\gamma\left(1 + \frac{r\omega^2}{g}\right)$$

式中的角速度

$$\omega = \frac{2\pi n}{60} = \frac{2\pi \times 300}{60}\text{rad/s} = 31.4\text{rad/s}$$

连杆可视为受均布载荷 q 的简支梁，最大弯矩在跨度中点，且

$$M_{max} = \frac{1}{8}ql^2 = \frac{1}{8}bh\gamma\left(1 + \frac{r\omega^2}{g}\right)l^2$$

最大弯曲正应力

$$\sigma_{max} = \frac{M_{max}}{W_z} = \frac{1}{8}bh\gamma\left(1 + \frac{r\omega^2}{g}\right)l^2 \times \frac{6}{bh^2} = \frac{3}{4h}l^2\gamma\left(1 + \frac{r\omega^2}{g}\right)$$

$$= \frac{3}{4 \times 0.056} \times 2^2 \times 76.5 \times 10^3 \times \left(1 + \frac{0.25 \times 31.4^2}{9.8}\right)\text{Pa} = 107\text{MPa}$$

17.2　构件受冲击时的应力与变形

如果运动物体（冲击物）以较大速度作用于静止构件（被冲击物）时，在非常短暂的时间内，速度发生很大变化，这种现象称为冲击或撞击。锻造工件、重锤打桩、高速转动的飞轮突然制动等均属于冲击问题。其中汽锤、重锤和飞轮为冲击物，而被锻造的工件、被打的桩和固结飞轮的轴则为被冲击物。

发生冲击时，物体在接触区内的应力状态异常复杂，且冲击持续时间非常短促，接触力随时间的变化难以准确分析，同时，冲击还会引起弹性体内的应力波、冲击过程中的能量损耗等比较复杂的力学问题，因而要精确地分析冲击产生的应力与变形十分困难。冲击问题极其复杂，但在现实生活中又大量存在，因此工程中将冲击过程理想化，基于能量守恒原理来分析构件受冲击时的应力和变形，可近似给出冲击问题的解答，该方法称之为能量法。

为了使问题简化，且突出主要因素，假设当冲击发生时：

1）冲击物为有质量的刚体，即略去其变形的影响；

2）被冲击物的质量与冲击物相比可以忽略不计，即被冲击物的惯性可以略去不计，视为无质量的弹性体，且冲击过程中被冲击构件始终处在弹性范围内，材料服从胡克定律；

3）冲击过程中，不考虑冲击物的回弹和被冲击物的振动，认为两物体一经接触就附着在一起，相互不分离，成为一个运动系统；

4）忽略冲击时因材料局部塑性变形和发出声响等引起的一切机械能损失，即机械能守恒。

基于上述假设，任何受冲击的构件或结构都可视为一个本身不具有质量的受冲击的弹簧。例如，图 17-4a、b、c 所示的受自由落体冲击时的构件或结构，都可简化为图 17-4d 所示的冲击模型。只是各种情况下与弹簧等效的各自的弹簧系数 k 不同而已。

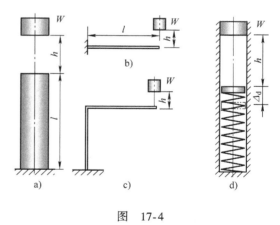

图　17-4

由上述假设，在冲击过程中冲击系统的动能和势能全部转化成弹簧的变形能 U_d，即

$$E_k + E_p = U_d \qquad (17\text{-}6)$$

设在速度为零的最大变形位置，冲击物作用在弹簧上的动载荷为 F_d，在材料服从胡克定律的条件下，它与弹簧的变形成正比，且都是由零开始增加到最终值。故冲击过程中动载荷所做的功为 $\dfrac{1}{2}F_d\Delta_d$，它等于弹簧的变形能，即

$$U_d = \frac{1}{2}F_d\Delta_d \qquad (17\text{-}7)$$

若重物 W 以静载方式作用于弹簧上，弹簧的静变形和静应力分别为 Δ_{st} 和 σ_{st}。在动载荷 F_d 作用下，相应的动变形和动应力分别为 Δ_d 和 σ_d。对于线弹性材料，载荷、变形和应

力成正比, 故有

$$W = k\Delta_{st}, \quad F_d = k\Delta_d$$

由此可得

$$\frac{F_d}{W} = \frac{\Delta_d}{\Delta_{st}} = \frac{\sigma_d}{\sigma_{st}} = K_d \tag{17-8}$$

式中, K_d 称为冲击动荷因数。式 (17-8) 还可表示为

$$F_d = K_d W, \quad \sigma_d = K_d \sigma_{st}, \quad \Delta_d = K_d \Delta_{st} \tag{17-9}$$

当动荷因数确定以后, 只要将静载荷的作用效果放大 K_d 倍, 即得动载荷的作用效果。这里 F_d、Δ_d 和 σ_d 是指受冲击构件达到最大变形位置 (此时冲击物速度等于零) 的瞬时载荷、变形和应力, 这是我们要计算的。

17.2.1 垂直冲击

对于垂直冲击的系统, 如图 17-4d 所示。设冲击过程中冲击物势能变化为

$$E_p = W\Delta_d \tag{17-10}$$

由式 (17-7) 和式 (17-9), 得

$$U_d = \frac{1}{2} \frac{\Delta_d^2}{\Delta_{st}} W \tag{17-11}$$

将式 (17-10) 和式 (17-11) 代入式 (17-6), 经整理得

$$\Delta_d^2 - 2\Delta_{st}\Delta_d - \frac{2E_k\Delta_{st}}{W} = 0$$

解得

$$\Delta_d = \Delta_{st}\left(1 + \sqrt{1 + \frac{2E_k}{W\Delta_{st}}}\right) \tag{17-12}$$

引用记号

$$K_d = \frac{\Delta_d}{\Delta_{st}} = 1 + \sqrt{1 + \frac{2E_k}{W\Delta_{st}}} \tag{17-13}$$

K_d 即为垂直冲击时的动荷因数。

由式 (17-13) 可知, 如果增大静位移 Δ_{st}, 则动荷因数 K_d 减小, 从而可降低冲击载荷和冲击应力。汽车大梁与轮轴之间安装叠板弹簧, 火车车厢架与轮轴之间安装压缩弹簧, 某些机器或零件上加上橡皮坐垫或垫圈, 都是为了既提高静变形 Δ_{st}, 又不改变构件的静应力。弹性模量较低的材料制成的杆件的静变形较大, 常用来代替弹性模量较高的材料, 有利于降低冲击应力。但弹性模量较低的材料往往许用应力也较低, 所以还应注意是否能满足强度条件。

1. 高度为 h 的自由落体冲击

冲击开始时, 重物 W 的动能 $E_k = \frac{1}{2}\frac{W}{g}v^2 = \frac{1}{2}\frac{W}{g} \times 2gh = Wh$, 代入式 (17-13), 得到物体自由下落时的动荷因数

$$K_d = 1 + \sqrt{1 + \frac{2h}{\Delta_{st}}} \tag{17-14}$$

2. 突加载荷

突然加于构件上的载荷，其性质也是动载荷，相当于物体在高度为零时（$h=0$）的自由落体冲击，由式（17-13）可得

$$K_d = 2 \qquad (17\text{-}15)$$

17.2.2 水平冲击

对水平放置系统（图17-5），冲击过程中系统内的势能不变，$E_p = 0$。若冲击物与杆件接触时的速度为 v，则动能 $E_k = \dfrac{1}{2}\dfrac{W}{g}v^2$，于是由式（17-6）和式（17-11）得

$$E_k = \frac{1}{2}\frac{W}{g}v^2 = \frac{1}{2}\frac{\Delta_d^2}{\Delta_{st}}W$$

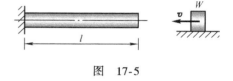

图 17-5

解得

$$\Delta_d = \sqrt{\frac{v^2}{g\Delta_{st}}\Delta_{st}}$$

故得水平冲击时的动荷因数

$$K_d = \sqrt{\frac{v^2}{g\Delta_{st}}} \qquad (17\text{-}16)$$

由于忽略了其他形式的能量损失，如振动波、弹性回跳以及局部塑性变形所消耗的能量，而认为冲击物所损失的能量，全部都转换成了被冲击物的变形能，因而这种算法事实上是偏于安全的。但是，值得注意的是，如果按这种算法算出的构件的最大工作应力，超过了材料的比例极限，即 $\sigma_{dmax} > \sigma_p$ 时，上述算法将不再适用。

例 17-2 重量 $W = 1\text{kN}$ 的重物自由下落在矩形截面的悬臂梁上，如图17-6所示。已知 $b = 120\text{mm}$，$h = 200\text{mm}$，$H = 40\text{mm}$，$l = 2\text{m}$，$E = 10\text{GPa}$，试求梁的最大正应力与最大挠度。

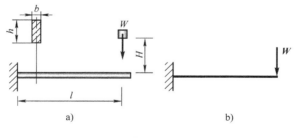

图 17-6

解：此题属于自由落体冲击。

（1）动荷因数的计算。

为了计算 K_d，应先求冲击点的静位移 Δ_{st}。悬臂梁受静载荷 W 作用时，载荷作用点的静位移，即自由端的挠度为

$$\Delta_{st} = \delta_{st,max} = \frac{Wl^3}{3EI_z} = \frac{1 \times 10^3 \times (2 \times 10^3)^3}{3 \times 10 \times 10^3 \times \dfrac{120 \times 200^3}{12}}\text{mm} = \frac{10}{3}\text{mm}$$

则动荷因数

$$K_d = 1 + \sqrt{1 + \frac{2 \times 40}{\frac{10}{3}}} = 6$$

（2）静载荷作用下的应力与变形。

悬臂梁受静载荷 W 作用时，最大正应力发生在靠近固定端的截面上，其值为

$$\sigma_{st,max} = \frac{M_{max}}{W_z} = \frac{6Wl}{bh^2} = \frac{6 \times 1 \times 10^3 \times 2 \times 10^3}{120 \times 200^2} MPa = 2.5 MPa$$

而最大挠度发生在自由端，即

$$\delta_{st,max} = \Delta_{st} = \frac{10}{3} mm$$

由 $\sigma_{d,max} = K_d \sigma_{st,max}$，$\delta_{d,max} = K_d \delta_{st,max}$ 可得梁的最大动应力与最大动挠度分别为

$$\sigma_{dmax} = （6 \times 2.5）MPa = 15 MPa$$

$$\delta_{dmax} = \left(6 \times \frac{10}{3}\right) mm = 20 mm$$

17.2.3　其他类型的冲击问题

运动物体或运动构件突然制动时也会在构件中产生冲击载荷与冲击应力。例如，图 17-7a 所示的鼓轮绕过点 D 垂直于纸平面的轴等速转动，并且绕在其上的缆绳带动重物以等速度下降。当鼓轮突然被制动而停止转动时，悬挂重物的缆绳就会受到很大的冲击载荷作用。假设重物重量为 W，缆绳的横截面面积为 A，弹性模量为 E，重物下降速度为 v。当缆绳的长度为 l 时，鼓轮突然制动住，现在来分析缆绳内的最大正应力。

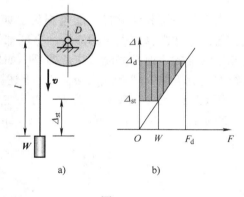

a)　　　　　　b)

图　17-7

此例与前面问题的差别就在于，制动前吊索已经受到静载荷 W 的作用，产生了静变形 Δ_{st}，并且已经储存了变形能 $U_{st} = \frac{1}{2} W \Delta_{st}$。因此，如设吊索最终变形为 Δ_d，相应的载荷为 F_d，则由图 17-7b 知，吊索在冲击过程中所储存的变形能为

$$U_d = \frac{F_d \Delta_d}{2} - \frac{W \Delta_{st}}{2}$$

则重物在这一过程中，损失的能量有动能 $E_k = \frac{W}{2g} v^2$ 及势能 $E_p = W(\Delta_d - \Delta_{st})$，这时的能量转换关系为

$$\frac{F_d \Delta_d}{2} - \frac{W \Delta_{st}}{2} = \frac{W}{2g} v^2 + W(\Delta_d - \Delta_{st}) \tag{17-17}$$

由 $\frac{F_d}{W} = \frac{\Delta_d}{\Delta_{st}} = K_d$ 即可求得此时的动荷因数为

$$K_{\mathrm{d}} = 1 + \sqrt{\dfrac{v^2}{g\Delta_{\mathrm{st}}}} \qquad (17\text{-}18)$$

吊索在静载荷 W 作用下的静应力与静变形分别为

$$\sigma_{\mathrm{st}} = \dfrac{W}{A}, \qquad \Delta_{\mathrm{st}} = \dfrac{Wl}{AE} \qquad (17\text{-}19)$$

于是，突然制动时吊索中的最大动应力为

$$\sigma_{\mathrm{d}} = K_{\mathrm{d}}\sigma_{\mathrm{st}} = \left(1 + \sqrt{\dfrac{v^2}{g\Delta_{\mathrm{st}}}}\right)\dfrac{W}{A} = \left(1 + \sqrt{\dfrac{AEv^2}{gWl}}\right)\dfrac{W}{A} \qquad (17\text{-}20)$$

例 17-3　在 AB 轴的 B 端有一个质量很大的飞轮（图 17-8）。与飞轮相比，轴的质量可以忽略不计。轴的另一端 A 装有制动离合器。飞轮的转动惯量为 $J_x = 0.5\,\mathrm{kN \cdot m \cdot s^2}$，轴的直径 $d = 100\,\mathrm{mm}$，转速 $n = 300\,\mathrm{r/min}$，若 AB 轴在 A 端突然制动（即 A 端突然停止转动），试求轴内最大动应力。设切变模量 $G = 80\,\mathrm{GPa}$，轴长 $l = 1\,\mathrm{m}$。

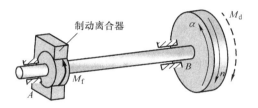

图　17-8

解：当 A 端制动时，B 端飞轮具有动能，固而 AB 轴受到冲击，发生扭转变形。在冲击过程中，飞轮的角速度最后降低为零，它的动能 E_{k} 全部转变为轴的变形能 U_{d}。飞轮动能的改变为

$$E_{\mathrm{k}} = \dfrac{1}{2}J_x\omega^2$$

AB 轴的扭转变形能为

$$U_{\mathrm{d}} = \dfrac{T_{\mathrm{d}}^2 l}{2GI_{\mathrm{p}}}$$

由 $U_{\mathrm{d}} = E_{\mathrm{k}}$ 解出扭矩

$$T_{\mathrm{d}} = \omega\sqrt{\dfrac{J_x G I_{\mathrm{p}}}{l}}$$

轴内最大切应力为

$$\tau_{\mathrm{dmax}} = \dfrac{T_{\mathrm{d}}}{W_{\mathrm{p}}} = \omega\sqrt{\dfrac{J_x G I_{\mathrm{p}}}{l W_{\mathrm{p}}^2}}$$

对于圆轴

$$\dfrac{I_{\mathrm{p}}}{W_{\mathrm{p}}^2} = \dfrac{\pi d^4}{32} \times \left(\dfrac{16}{\pi d^3}\right)^2 = \dfrac{8}{A}$$

所以

$$\tau_{dmax} = \omega \sqrt{\frac{8J_x G}{Al}}$$

可见扭转冲击时的最大动应力 τ_{dmax} 与轴的体积有关。体积 Al 越大，τ_{dmax} 越小。把已知数据代入上式，得

$$\tau_{dmax} = 10\pi \sqrt{\frac{8 \times 0.5 \times 10^{-3} \times 80 \times 10^3}{\pi \times (50 \times 10^{-3})^2 \times 1}} MPa = 6341.3 MPa$$

对于常用钢材，许用扭转切应力约为 $[\tau] = 80 \sim 100 MPa$，上面求出的 τ_{dmax} 已经远远超过了许用应力。所以对保证轴的安全来说，冲击载荷是十分有害的。

17.3　交变应力和疲劳强度

17.3.1　交变应力及疲劳破坏特征

工程中，随时间呈周期性变化的载荷称为交变载荷；随时间呈周期性变化的应力称为交变应力。图 17-9a 所示的匀速转动的圆轴，虽然承受固定不变的弯矩 M 作用，但由于表面上任一点 A 随圆轴转动将周而复始地依次通过空间Ⅰ、Ⅱ、Ⅲ、Ⅳ各点，因此 A 点的应力也依次由最大压应力、零、最大拉应力、零的次序做周而复始地连续变化，如图 17-9b 所示。图 17-10a 所示的齿轮传动副，齿轮上的每一个齿只在参与啮合时承载。由于该齿承受着随时间循环变化的载荷，因而齿根上任一点 A 的弯曲正应力也随时间做如图 17-10b 所示的循环变化。工程中还有很多承受交变载荷的构件，如汽车的车轴、气缸内做往复运动的活塞连杆、锻压机在锻压工件时受到周期性的冲击作用的锤杆、各类机械中的传动轴和有关零部件等。因此，交变应力在工程中广泛存在，是造成破坏的重要因素。构件在交变应力作用下发生破坏或失效的现象，称为**疲劳破坏**或**疲劳失效**。构件（或材料）抵抗疲劳破坏的能力，称为**疲劳强度**。交变应力随时间而变化的过程，称为应力－时间历程（或称为应力谱）。本节只研究具有周期性应力－时间历程的金属疲劳问题。

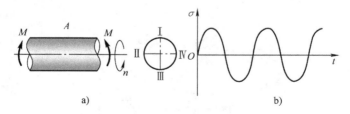

图　17-9

大量的试验结果及实际工程中的破坏现象表明，发生疲劳破坏或疲劳失效时，具有以下明显特征：

1）破坏时的应力远小于材料的强度极限，甚至比屈服极限也小得多。

2）疲劳失效需经历多次应力循环后才会出现。

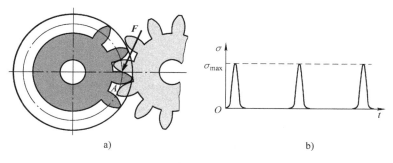

图　17-10

3）破坏（常常是断裂）突然发生，即使塑性较好的材料也无明显的塑性变形。

4）疲劳破坏断口，一般都具有明显的光滑区域与颗粒状区域（图 17-11）。

构件在交变应力作用下，在构件内部应力最大或材质薄弱处，局部材料达到屈服，并逐渐形成微观裂纹（疲劳源）。许多构件上存在着初始裂纹，如焊缝在冷却后会产生小裂纹；材料的夹杂、孔隙，加工损伤都是裂纹源，在交变应力作用下，很快就会萌生裂纹，即初始裂纹。有初始裂纹的构件，在交变应力作用下，裂纹扩展阶段逐渐扩展，由于裂纹反复地开闭，两裂纹面反复相互研磨，形成

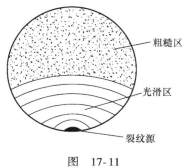

图　17-11

光滑面。当裂纹尺寸达到临界尺寸后，裂纹发生快速扩展（又称失稳扩展）而突然断裂，对应断口上的粗糙区。因此疲劳失效的过程可以理解为裂纹萌生、裂纹扩展和突然断裂的过程。

设周期性应力－时间历程如图 17-12 所示，其特征量有应力循环、最大应力、最小应力、平均应力、应力幅和应力比。

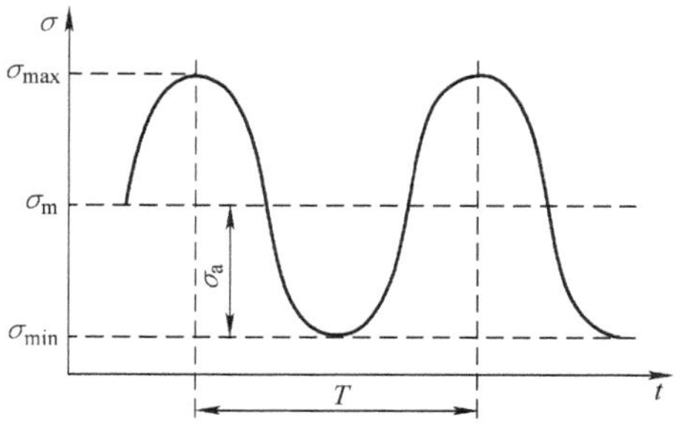

应力循环：应力由某值开始经历变化的全过程又变回到原来的数值，称为一个应力循环。完成一个应力循环所需要的时间，称为一个周期。

最大应力：一个应力循环中代数值最大应力，用 σ_{max} 表示。

图　17-12

$$\sigma_{max} = \sigma_m + \sigma_a \qquad (17\text{-}21)$$

最小应力：一个应力循环中代数值最小应力，用 σ_{min} 表示。

$$\sigma_{min} = \sigma_m - \sigma_a \qquad (17\text{-}22)$$

平均应力：最大应力与最小应力的代数平均值，用 σ_m 表示为

$$\sigma_m = \frac{\sigma_{max} + \sigma_{min}}{2} \qquad (17\text{-}23)$$

应力幅：由平均应力到最大或最小应力的变幅，用 σ_a 表示为

$$\sigma_a = \frac{\sigma_{max} - \sigma_{min}}{2} \qquad (17\text{-}24)$$

应力的变动幅度还可用应力范围来描述，用 $\Delta\sigma$ 表示为

$$\Delta\sigma = 2\sigma_{\mathrm{a}} \tag{17-25}$$

应力比（应力循环特征）：是一个用于描述应力变化不对称程度的量，用 r 表示为

$$r = \frac{\sigma_{\min}}{\sigma_{\max}} \tag{17-26}$$

在 5 个特征量 $\sigma_{\max}$、$\sigma_{\min}$、σ_{m}、σ_{a}（或 $\Delta\sigma$）、r 中，只有两个是独立的，即只要已知其中的任意两个，就可求出其他的量。

应力循环按应力幅是否恒为常量，分为常幅应力循环和变幅应力循环。应力循环按应力比分类为对称循环和非对称循环，非对称循环包括脉动循环、静应力和其他一般应力循环。

对称循环：应力循环中，交变应力的最大值和最小值大小相等、符号相反的循环（图17-9）。这时

$$r = -1, \quad \sigma_{\mathrm{m}} = 0, \quad \sigma_{\mathrm{a}} = \sigma_{\max} \tag{17-27}$$

脉动循环：应力循环中，交变应力的最小值（或最大值）等于零、应力的符号不发生变化的循环（图17-10）。这时

$$r = 0, \quad \sigma_{\mathrm{a}} = \sigma_{\mathrm{m}} = \frac{1}{2}\sigma_{\max} \tag{17-28}$$

或

$$r = -\infty, \quad -\sigma_{\mathrm{a}} = \sigma_{\mathrm{m}} = \frac{1}{2}\sigma_{\min} \tag{17-29}$$

静应力：静载荷作用时的应力，静应力是交变应力的特例。这时

$$r = 1, \quad \sigma_{\max} = \sigma_{\min} = \sigma_{\mathrm{m}}, \quad \sigma_{\mathrm{a}} = 0 \tag{17-30}$$

需要注意的是：

1）除对称循环外，其余的循环均称为非对称循环。

2）最大应力与最小应力是指一点的某应力在交变循环中的最大值与最小值，不是指一点应力状态中的最大应力和最小应力，这两者要区分开。

17.3.2 材料的疲劳极限与提高疲劳强度的措施

由于材料在静载下的强度指标都不能作为衡量其承受交变应力时的疲劳强度，因此要通过疲劳试验重新测定金属材料的疲劳强度指标，即**疲劳极限**。所谓疲劳极限是指经历无穷多次应力循环而不发生破坏时的最大应力值，又称为**持久极限**。

疲劳试验在疲劳试验机上进行，一般而言疲劳试验机可分为计算机控制的电液伺服材料疲劳试验机和传统的对称循环（纯弯曲）疲劳试验机两大类。

材料的疲劳试验首先要准备一批材料尺寸、加工质量均相同的表面光滑小试件，如图17-13a 所示，然后装到疲劳试验机上进行试验。图17-13b 所示是对称循环弯曲变形疲劳试验机的示意图。将试件分成若干组，调整砝码，使每组试件承受一定载荷，各组承受的载荷由高到低，即应力水平由高到低。每根试件经过多次应力循环，直至发生疲劳破坏，记录下每根试件所承受的交变应力最大值及发生破坏时所经历的应力循环次数（又称疲劳寿命）N。将所有试验数据描绘成纵坐标为应力最大值 $\sigma_{\max}$，横坐标为循环次数 N 的曲线，如图17-14 所示。这条曲线被称为应力–寿命曲线，简称 $S-N$ 曲线。

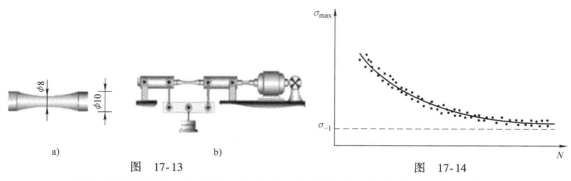

图 17-13　　　　　　　　　　　　　　　　图 17-14

$S-N$ 曲线表明了试件的寿命随其承受的应力水平而变化的趋势。当试件所受交变应力的最大值 σ_{max} 减少，其循环次数 N 增加。若 $S-N$ 曲线有水平渐近线，即表明当交变应力的最大值 σ_{max} 减小到某一极限值时，循环次数 N（疲劳寿命）趋于无穷大而不发生破坏。这个极限值即为持久极限（疲劳极限）。对于应力比为 r 的情况，疲劳极限用 σ_r 表示；如果试验是在对称循环下进行的，$r=-1$，其疲劳极限为 σ_{-1}。

循环次数 N 趋于无限大，即无穷多次循环，在试验中几乎是不可能实现的。常温下的试验结果表明，某些材料（如钢）的 $S-N$ 曲线具有水平渐近线，当试件经历了 10^7 次循环后仍未破坏，再增加循环次数也不会产生疲劳失效。所以工程上通常把 10^7 次循环下仍未疲劳破坏的最大应力，规定为疲劳极限，而把 $N_0=10^7$ 称为循环基数。还有些材料（如有色金属）的 $S-N$ 曲线无水平渐近线，通常规定一个循环基数，如 $N_0=10^8$，把它所对应的交变应力最大值作为条件疲劳极限。

提高构件的疲劳强度，就是要减少初始裂纹萌生的概率和降低裂纹的扩展速率。疲劳裂纹大多发生在有应力集中的部位、焊缝及构件表面，在不改变构件的基本尺寸和材料的前提下，通过减小应力集中和改善表面质量，以提高构件的疲劳极限。通常有以下一些途径：

1）**合理设计构件形状，减缓应力集中。** 构件上应避免出现有内角的孔和带尖角的槽；在截面变化处，应使用较大的过渡圆角或斜坡；在角焊缝处，应采用坡口焊接。

2）**提高构件表面质量。** 制造中，应尽量降低构件表面的粗糙度；使用中，应尽量避免构件表面发生机械损伤和化学损伤（如腐蚀、锈蚀等）。

3）**提高表层强度。** 适当地进行表层强化处理，可以显著提高构件的疲劳强度。如采用高频淬火热处理方法，渗碳、氮化等化学处理方法，滚压、喷丸等机械处理方法。这些方法在机械零件制造中应用较多。

4）**选择合适的焊接工艺，提高焊接质量。** 要保证较高的焊接质量，最好的方法是采用自动焊接设备。

5）**采用止裂措施。** 当构件上已经出现了宏观裂纹后，可以通过在裂尖钻孔、热熔等措施，减缓或终止裂纹扩展，提高构件的疲劳强度。

思　考　题

17-1　何谓静载荷？何谓动载荷？工程中常见的动载荷有哪几类？

17-2　构件做匀加速运动时如何解决动载荷问题？

17-3　何谓动荷因数？它在计算动载荷问题时有什么作用？

17-4　用能量法处理冲击问题时做了哪些假设？

17-5　突加载荷与静载荷的区别何在？

17-6　降低冲击载荷的主要措施有哪些？

17-7　何谓交变应力？交变应力有哪些特征参数？

17-8　什么是疲劳破坏？疲劳破坏有哪些主要特征？

17-9　何谓材料的 $S-N$ 曲线？

17-10　何谓材料的疲劳极限？何谓材料的条件疲劳极限？

17-11　影响疲劳破坏的因素有哪些？如何提高构件的疲劳强度？

习　题

17-1　图 17-15 所示重物 W 用绳索悬挂，以匀加速度下降，若在 0.2s 内速度由 1.5m/s 降至 0.5m/s，且绳的横截面面积 $A = 100\text{mm}^2$，试求绳内应力。

17-2　如图 17-16 所示，用两根吊索向上匀加速平行地吊起一根 32a 的工字钢（工字钢单位长度重 $q = 516.8\text{N/m}$，抗弯截面系数 $W_z = 70.8 \times 10^{-6}\text{m}^3$），加速度 $a = 10\text{m/s}^2$，吊索横截面面积 $A = 1.08 \times 10^{-4}\text{m}^2$，若不计吊索自重，试计算吊索的应力和工字钢的最大应力。

17-3　图 17-17 所示 12000kW 汽轮机叶轮半径 $R = 630\text{mm}$，叶片长 $l = 130\text{mm}$，材料的密度 $\rho = 7.95 \times 10^3 \text{kg/m}^3$，转速 $n = 3000\text{r/min}$。若叶片为等截面，试分析惯性力引起的正应力沿叶片长度的变化规律，并求叶片根部最大拉应力。

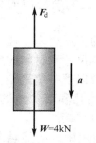

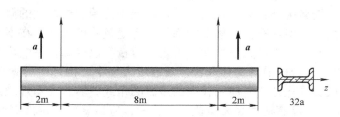

图 17-15　习题 17-1 图　　　　　　　　　　图 17-16　习题 17-2 图

17-4　钢制圆轴 AB 上装有一开孔的匀质圆盘如图 17-18 所示。圆盘厚度为 δ，孔直径 300mm。圆盘和轴一起以匀角速度 ω 转动。若已知：$\delta = 30\text{mm}$，$a = 1000\text{mm}$，$e = 300\text{mm}$；轴直径 $d = 120\text{mm}$，$\omega = 40\text{rad/s}$；圆盘材料密度 $\rho = 7.8 \times 10^3 \text{kg/m}^3$。试求由于开孔引起的轴内最大弯曲正应力 [提示：可以将圆盘上的孔作为一负质量（$-m$），计算由这一负质量引起的惯性力]。

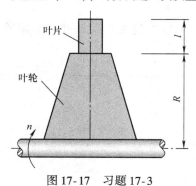

图 17-17　习题 17-3

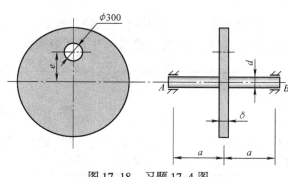

图 17-18　习题 17-4 图

17-5　质量为 m 的匀质矩形平板用两根平行且等长的轻杆悬挂着，如图 17-19 所示。已知平板的尺寸为 h、l。若将平板在图示位置无初速度释放，试求此瞬时板的质心 O 的加速度与两杆所受的轴向力。

17-6　图 17-20 所示钢杆下端有一圆盘，圆盘上放置一弹簧。弹簧在 1000N 的静载荷作用下缩短了 0.625mm。钢杆的直径 $d = 40$mm，$l = 4$m，$E = 200$GPa，许用应力 $[\sigma] = 120$MPa。今有重量 $W = 15$kN 的重物 B 自距弹簧上端 h 远处自由下落。试求：（1）许可高度；（2）无弹簧时的许可高度。

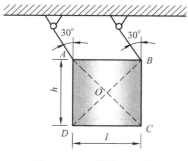

图 17-19　习题 17-5 图

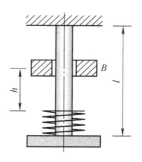

图 17-20　习题 17-6 图

17-7　图 17-21 所示桥式起重机主梁由两根 16 工字钢组成，主梁以匀速度 $v = 1$m/s 向前移动（垂直纸面），当起重机突然停止时，重物向前摆动，试求此瞬时梁内最大正应力（不考虑斜弯曲影响）。

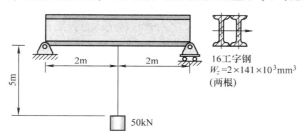

图 17-21　习题 17-7 图

17-8　如图 17-22 所示，杆 AB 以匀角速度 ω 绕 y 轴在水平面内旋转，杆材料的密度为 ρ，弹性模量为 E，试求：（1）沿杆轴线各横截面上正应力的变化规律（不考虑弯曲）；（2）杆的总伸长。

17-9　如图 17-23 所示，直径为 d 的轴上，装有一个转动惯量为 J 的飞轮 A。轴的速度为 n（单位 r/s）。当制动器 B 工作时，在 t（单位 s）内将飞轮刹停（匀减速），试求在制动过程中轴内最大切应力。

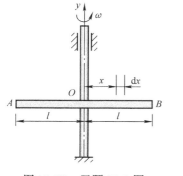

图 17-22　习题 17-8 图

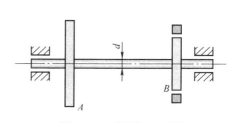

图 17-23　习题 17-9 图

17-10　如图 17-24 所示，绞车起吊重量 $W = 50$kN 的重物，以等速度 $v = 1.6$m/s 下降。当重物与绞车

之间的钢索长度 $l = 240\text{m}$ 时，突然刹住绞车。若钢索横截面面积 $A = 1000\text{mm}^2$。试求钢索内的最大正应力（不计钢索自重）。

17-11 图 17-25 所示重量为 $W = 1\text{kN}$ 的重物自由下落在梁 AB 的 B 端。已知 $l = 2\text{m}$，材料弹性模量 $E = 210\text{GPa}$。试求冲击时梁 AB 内的最大正应力及最大挠度。

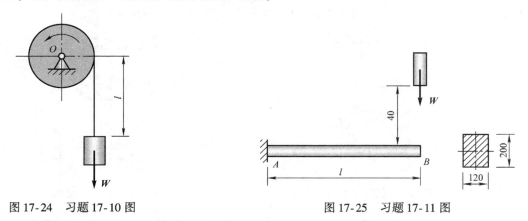

图 17-24 习题 17-10 图   图 17-25 习题 17-11 图

17-12 图 17-26 所示相同两梁，受重量为 W 的重物自由落体冲击，支撑条件不同，弹簧刚度系数均为 k，试证明图 17-26a 中梁的最大动应力大于图 17-26b 中的最大动应力。

17-13 图 17-27 所示等截面刚架，重量为 $W = 300\text{N}$ 的物体自高度 $h = 50\text{mm}$ 处落下，材料弹性模量 $E = 200\text{GPa}$，刚架质量不计。试求截面 C 的最大铅垂位移和刚架内的最大应力。

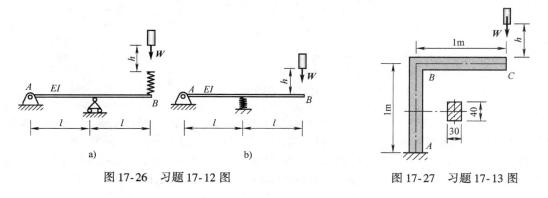

图 17-26 习题 17-12 图   图 17-27 习题 17-13 图

17-14 自由落体冲击如图 17-28 所示，冲击物重量为 W，离梁顶面的高度为 h_0，梁的跨度为 l，矩形截面尺寸为 $b \times h$，材料的弹性模量为 E，试求梁的最大挠度。

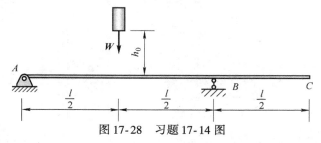

图 17-28 习题 17-14 图

17-15 图 17-29 所示圆轴 AB，在 B 端装有飞轮 C，轴与飞轮以匀角速度 ω 旋转，飞轮对旋转轴的转动惯量为 J，轴质量不计。已知圆轴的抗扭刚度 GI_p 及抗扭截面系数 W_p。试求当 A 端被突然制动时，轴内的最大切应力。

17-16 图 17-30 所示矩形截面钢梁，A 端是固定铰支座，B 端为弹簧支承。在该梁的中点 C 处有重量为 $W=40\text{N}$ 的重物，自高度 $h=60\text{mm}$ 处自由下落冲击到梁上。已知弹簧刚度系数 $k=25.32\text{N/m}$，钢的弹性模量 $E=210\text{GPa}$。试求梁内最大冲击应力（不计梁的自重）。

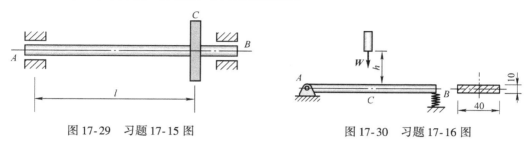

图 17-29 习题 17-15 图   图 17-30 习题 17-16 图

17-17 如图 17-31 所示，一铅垂方向放置的简支梁，受水平速度为 v_0 的质量 m 的冲击。梁的弯曲刚度为 EI。试证明梁内的最大冲击应力与冲击位置无关。

17-18 图 17-32 所示铅垂杆 AB 下端固定，长度为 l，在点 C 受沿水平方向运动物体的冲击，物体的重量为 W，当它与杆接触时的速度为 $\boldsymbol{v}_0$。设杆 AB 的弹性模量 E、横截面惯性矩 I 及抗弯截面系数 W_z 均为已知量。试求：（1）杆 AB 内的最大冲击应力（图 17-32a）。（2）如在杆上冲击接触处安装一弹簧（图 17-32b），其弹簧刚度系数为 k，求此时杆的最大冲击应力（假设被冲击物的质量及碰撞时能量损耗略去不计）。

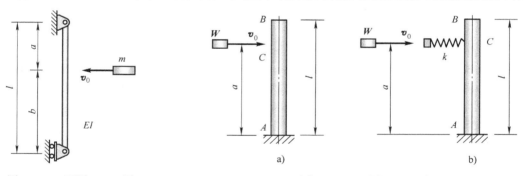

图 17-31 习题 17-17 图   图 17-32 习题 17-18 图

17-19 图 17-33 所示杆 B 端与支座 C 间的间隙为 Δ，杆的抗弯刚度 EI 为常量，质量为 m 的物体沿水平方向冲击时 B 端刚好与支座 C 接触，试求其冲击杆时的速度 v_0 值。

17-20 已知图 17-34 所示悬臂梁的抗弯刚度 EI 和长度 l，当重量为 W 的物体为静载放在自由端时，梁与弹簧刚好接触，若将重物 W 突然放置在自由端，则弹簧压缩 $\Delta/2$，试证明弹簧刚度系数 $k=\dfrac{9EI}{l^3}$。

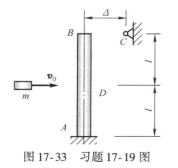

图 17-33 习题 17-19 图

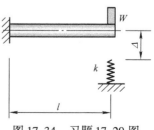

图 17-34 习题 17-20 图

17-21　已知交变应力随时间的变化规律如图 17-35 所示，试计算最大应力、最小应力、应力幅、平均应力和循环特征。

17-22　如图 17-36 所示，电动机重 1kN，装在矩形截面悬臂梁自由端部，梁的抗弯截面系数 $W_z = 30 \times 10^{-6} \mathrm{m}^3$，由于电动机转子不平衡引起的离心惯性力 $F = 200\mathrm{N}$，$l = 1\mathrm{m}$。试绘出固定端截面 A 点的 $\sigma - t$ 曲线，并求点 A 应力的循环特征 r、最大应力 $\sigma_{\max}$、最小应力 $\sigma_{\min}$、平均应力 σ_{m} 和应力幅度 σ_{a}。

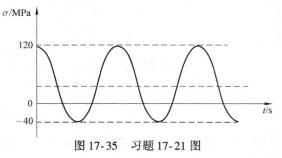

图 17-35　习题 17-21 图

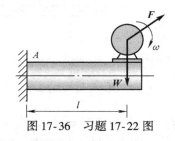

图 17-36　习题 17-22 图

17-23　已知某点应力循环的平均应力 $\sigma_{\mathrm{m}} = 20\mathrm{MPa}$，循环特征 $r = -\dfrac{1}{2}$，试求应力循环中的最大应力 $\sigma_{\max}$ 和应力幅 σ_{a}。

17-24　已知交变应力的平均应力 σ_{m} 和应力幅 σ_{a} 如下，试分别求其最大应力 $\sigma_{\max}$、最小应力 $\sigma_{\min}$ 及循环特征 r，并表明是何种类型的交变应力。

σ_{m}/MPa	20	0	40	20
σ_{a}/MPa	20	50	0	50

17-25　火车车轴受力如图 17-37 所示，$a = 500\mathrm{mm}$，$l = 1435\mathrm{mm}$，$d = 150\mathrm{mm}$，$F = 50\mathrm{kN}$。试求车轴中段截面边缘上任意一点的最大应力 $\sigma_{\max}$、最小应力 $\sigma_{\min}$ 和循环特征 r。

17-26　试在 $\sigma_{\mathrm{m}} - \sigma_{\mathrm{a}}$ 直角坐标中，标出图 17-38 所示各种交变应力状态的点，并计算它们的循环特征 r 值。

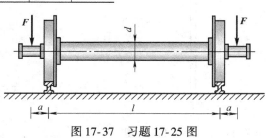

图 17-37　习题 17-25 图

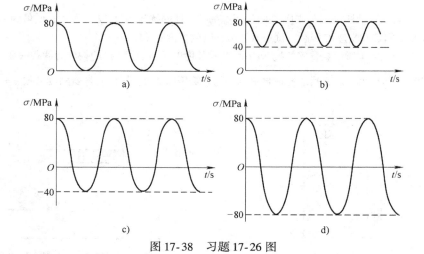

图 17-38　习题 17-26 图

附录

部分习题参考答案

第 12 章

12-1 $a = -b(c-v) = b(v-c)$，$s = ct - \dfrac{c}{b}e^{bt} + \dfrac{c}{b}$

12-2 $\varphi = \dfrac{t}{30}$，B 的轨迹方程：$\left(\dfrac{x}{1.5}\right)^2 + \left(\dfrac{y+0.8}{1.5}\right)^2 = 1$ （圆）

12-3 $v_O = v_e = \omega l = 706.5\,\mathrm{mm/s}$，$a_O = a_e = 3328\,\mathrm{mm/s^2}$

12-4 $v_{AB} = 200\,\mathrm{mm/s}$，$a_t = a_{AB} = 50\,\mathrm{mm/s^2}$，$v_C = 200\,\mathrm{mm/s}$，$a_C = 271.3\,\mathrm{mm/s^2}$

12-5   （1）$\alpha_{\mathrm{II}} = -1000\pi \times \dfrac{-5}{(100-5t)^2} = \dfrac{5000\pi}{(100-5t)^2} = \dfrac{5000\pi}{d^2}$ （rad/s^2）

       （2）$a\,|_{\,d=r} = 300\pi\sqrt{1+40000\pi^2}\,\mathrm{mm/s^2}$

12-6   当 $x = 20 \times \dfrac{2n-1}{2} = 10(2n-1)$ （m），$y = 0.04\sin\dfrac{\pi \times 10}{20} = 0.04$ （m）时，加速度

       的绝对值最大；$|a|_{\,\max} = 0.04\pi^2$ （m/s^2）

12-7   运动方程：$x_B = r\cos(\varphi_0 + \omega t) + l$

       速度方程：$v_B = -r\omega\sin(\varphi_0 + \omega t)$

       加速度方程：$a_B = -r\omega^2\cos(\varphi_0 + \omega t)$

12-8   （1）直角坐标法：

       $x = R(1 + \cos2\omega t)$，$y = R\sin2\omega t$

       $v_x = -2R\omega\sin2\omega t$，$v_y = 2R\omega\cos2\omega t$，$v = 2R\omega$，$\theta_1 = \arctan(-\cot2\omega t)$

       $a_x = -4R\omega^2\cos2\omega t$，$a_y = -4R\omega^2\sin2\omega t$，$a = 4R\omega^2$，$\theta_2 = <a_x,\ a_y> = 2\omega t$

       （2）自然坐标法：

       $s = 2R\omega t$，$v = \dfrac{\mathrm{d}s}{\mathrm{d}t} = 2R\omega$，$a_t = 0$，$a_n = 4R\omega^2$

12-9   运动方程：$y = l\tan kt$，$v = lk\sec^2 kt$，$a = 2lk^2\dfrac{\sin kt}{\cos^3 kt}$

12-10 $x_B = l + 10\sqrt{64-t^2}$ （mm），$v_B = \dfrac{-10t}{\sqrt{64-t^2}}$ （mm/s）

12-11 $s = -0.0167t^3 + 10t$，$v = -0.05t^2 + 10$，$v\,|_{\,t=2} = 9.8\,\mathrm{m/s}$，$a_t\,|_{\,t=2} = -0.2\,\mathrm{m/s^2}$

       $a_n\,|_{\,t=2} = 240.1\,\mathrm{m/s^2}$

12-12　（1）$\Delta x = -9\text{m}$；（2）$t = 2\text{s}$，$x = -14\text{m}$　（3）$s = 23\text{m}$；

（4）$v = 15\text{m/s}$，$a = 18\text{m/s}^2$

第 13 章

13-1

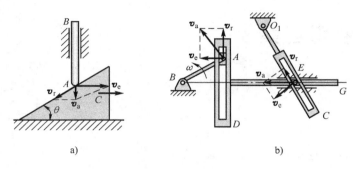

a)　　　　　　　　　　　　b)

习题 13-1 解图

13-2　$v_{AB} = \omega e$

13-3　$v_a = 3\sqrt{2}\text{m/s}$

13-4　$v_{CD}^1 = 5\text{m/s}$，方向向左

13-5　$\omega = \dfrac{v\sin^2\varphi}{h}$

13-6　$\omega = 5\text{rad/s}$

13-7　$\omega_B = 2\text{rad/s}$

13-8　$v_D = -\omega(l - b)$

13-9　$\omega_{OA} = \dfrac{\sqrt{3}v}{4r}$

13-10　$v_C = 0.173\text{m/s}$，$a_C = 0.05\text{m/s}^2$

13-11　$v_{BC} = r\omega\sin\omega t$，$a_{BC} = r\omega^2\cos\omega t$

13-12　$v = \dfrac{1}{2}\omega l$ 向上，$a = \dfrac{\sqrt{3}}{2}l\omega^2 - \dfrac{1}{2}l\alpha$ （↓）

13-13　$v = 0.577\text{m/s}$，$a = 8.85\text{m/s}^2$

13-14　$v_E = \dfrac{\sqrt{5}v\cos^2\varphi}{\sin\varphi}$，$a_E = \dfrac{\sqrt{5}v^2}{b}\tan^3\varphi\sqrt{1 + 3\sin^2\varphi}$

13-15　$v_M = 173.2\text{mm/s}$，$a_M = 350\text{mm/s}^2$

13-16 *　$\omega_{O_2E} = \dfrac{3\omega r}{4h}$，$\alpha_{O_2E} = \dfrac{\sqrt{3}\omega^2(R - r)}{2h}$

13-17 *　$v_{CD} = 0.325\text{m/s}$，方向向左；$a_{CD} = 0.657\text{ m/s}^2$，方向向左

第 14 章

14-1　$\omega_D = 30\sqrt{3}\text{rad/s}$，$\omega_{CB} = 15\text{rad/s}$

14-2　滚子的角速度为 $\omega_B = 7.25\,\text{rad/s}$，滚子前进的速度为 $v_B = 108.8\,\text{cm/s}$

14-3　$v_B = \dfrac{v_A\cos\varphi}{\sin\varphi} = \dfrac{u}{\tan\varphi}$，$\omega_{BA} = \dfrac{v_A}{AB\cdot\sin\varphi} = \dfrac{u}{l\sin\varphi}$（逆时针）

14-4　$v_E = 0.8\,\text{m/s}$（→）

14-5　$v_C = 1.04\,\text{m/s}$（→）

14-6　$v_B = \dfrac{v_C}{\cos 60°} = 2v_A$（→），$\omega_{CB} = \dfrac{v_B}{BP} = \dfrac{2v_A}{2l\tan 30°} = \dfrac{\sqrt{3}}{l}v_A$（逆时针）

14-7　$\omega_C = 30\,\text{rad/s}$（逆时针），$\omega_C = 50\,\text{rad/s}$（逆时针）

14-8　$v_E = 199\,\text{mm/s}$（→），$\omega_{AB} = 2.09\,\text{rad/s}$（顺时针）

14-9　$\omega_{OB} = 3.75\,\text{rad/s}$（逆时针），$\omega_I = 6\,\text{rad/s}$（逆时针）

14-10　$v_C = 0.4\,\text{m/s}$（→）

14-11　$v_C = 0.5l\omega$

14-12　$\omega_{EF} = 1.33\,\text{rad/s}$，$v_F = 0.46\,\text{m/s}$

14-13　$\omega_{O_1A} = 0.2\,\text{rad/s}$，逆时针

14-14　$\omega_{AB} = \omega$（逆时针）

14-15　$n_1 = 10800\,\text{r/min}$

14-16　$v_B = \sqrt{2}R\omega$，$a_B = \sqrt{2}R\omega^2$

14-17　$v_B = R\omega\cot\theta$，$a_B = \dfrac{R\alpha\cos\theta}{\sin\theta} + \dfrac{(R\omega)^2}{l\sin^3\theta}$

14-18　$\alpha_{BC} = \dfrac{v^2}{l^2}\tan\theta$，$a_B = \dfrac{v^2}{l\cos\theta}$

第 15 章

15-1　$F = 1068\,\text{N}$

15-2　$a_{AB} = \dfrac{m_2 b - fg(m_1 + m_2)}{m_1 + m_2}$

15-3　$v_3 = 22.5\,\text{m/s}$

15-4　$F_{Ox} = m_3 g\cos\theta\sin\theta + m_3\dfrac{R}{r}a\cos\theta$，

$F_{Oy} = (m_1 + m_2 + m_3)\,g - m_3 g\cos^2\theta + m_3\dfrac{R}{r}a\sin\theta - m_2 a$

15-5　（1）$x_C = \dfrac{m_3 l}{2(m_1 + m_2 + m_3)} + \dfrac{m_1 + 2m_2 + 2m_3}{2(m_1 + m_2 + m_3)}l\cos\omega t$，$y_C = \dfrac{m_1 + 2m_2}{2(m_1 + m_2 + m_3)}l\sin\omega t$

　　　（2）$F_{Ox\,\max} = -\dfrac{1}{2}(m_1 + 2m_2 + 2m_3)l\omega^2$

15-6　$x = 0.138\,\text{m}$

15-7　$L_O = \dfrac{1}{3}ml^2\omega$，$L_O = -\dfrac{1}{9}ml^2\omega$，$L_O = \dfrac{3}{2}mR^2\omega$

15-8　（a）$L_O = 18\,\text{kg}\cdot\text{m}^2/\text{s}$；（b）$L_O = 20\,\text{kg}\cdot\text{m}^2/\text{s}$；（c）$L_O = 16\,\text{kg}\cdot\text{m}^2/\text{s}$

15-9　$\alpha_1 = \dfrac{2(MR_2 - M'R_1)}{(m_1 + m_2)R_1^2 R_2}$

15-10　$\alpha = \dot{\omega} = \dfrac{m_1 r_1 - m_2 r_2}{m_1 r_1^2 + m_2 r_2^2 + m_3 \rho^2} g$

15-11　$a_A = \dfrac{m_1 g(r + R)^2}{m_1 (r + R)^2 + m_2 (\rho^2 + R^2)}$

15-12　$a = \dfrac{(M - mgr)R^2 r}{J_1 r^2 + J_2 R^2 + mr^2 R^2}$

15-13　$W_{BA} = -20.3\text{J}, \ W_{AD} = 20.3\text{J}$

15-14　$E_R = \dfrac{1}{2}(3m_1 + 2m)v^2$

15-15　$E_R = \dfrac{1}{2}m_1 v^2 + \dfrac{1}{2}m_2(v^2 + u^2 + \sqrt{3}vu)$

15-16　$\omega = \dfrac{2}{r}\sqrt{\dfrac{M - m_2 gr(\sin\theta + f\cos\theta)}{m_1 + 2m_2}\varphi}$

15-17　$b = \dfrac{\sqrt{3}}{6}l$

15-18　$P = 6.31\text{kW}, \ M_1 = 188.2\text{N} \cdot \text{m}, \ M_2 = 42.4\text{N} \cdot \text{m}$

综-1　$F_n = 20g(2 - 3\cos\varphi)\ (\text{N}), \ F_\tau = 0$

　　　　$\varphi = \pi$ 时，$F_{max} = 980\text{N}$（拉）

　　　　$\varphi = \arccos\dfrac{2}{3} = 48°11'$时，$F_{min} = 0$

综-2　（1）$\alpha = \dfrac{M - mgR\sin\theta}{2mR^2}$,

　　　　（2）$F_x = \dfrac{1}{8R}(6M\cos\theta + mgR\sin2\theta)$

第 16 章

16-1　$F_{Ox} = 16.3\text{N}, \ F_{Oy} = 88\text{N}, \ M_O = 50.9\text{N} \cdot \text{m}$

16-2　$F_T = -mg - mr\omega^2\left(\cos\omega t + \dfrac{r}{l}\cos\omega t\right)$

16-3　（1）$F_{NA} = \dfrac{bg - ha}{g\,(d - b)}W, \ F_{NB} = \dfrac{dg + ha}{g(d + b)}W$

　　　　（2）$a = \dfrac{g(b - d)}{2h}$

16-4　$a = 2.2\text{m/s}^2, \ F_T = 598\text{N}$

16-5　$F = 0.275\text{kN}$

16-6　$F_O^n = mg\cos\varphi + \dfrac{2mgb^2(\cos\varphi - \cos\varphi_0)}{\rho^2 + b^2}, \ F_O^t = \dfrac{mg\rho^2 \sin\varphi}{\rho^2 + b^2}$

16-7　$\alpha = \dfrac{m_2 gr - m_1 gR}{J_O + mR_1^2 + m_2 r^2}, \ F_{Ox} = 0, \ F_{Oy} = -\dfrac{(m_1 R - m_2 r)^2 g}{J_O + m_1 R^2 + m_2 r^2}$

16-8　$F_{Cx}=0$，$F_{Cy}=\dfrac{(m_2+3m_1)m_2g}{m_2+2m_1}$，$M_C=\dfrac{(m_2+3m_1)m_2gl}{m_2+2m_1}$

16-9　$F_B=9810\mathrm{N}$

16-10　$F_{x\max}=m_2e\omega^2$，$F_{y\max}=(m_1+m_2)g+m_2e\omega^2$

16-11　$\omega=\sqrt{\dfrac{k(\varphi-\varphi_0)}{ml^2\sin2\varphi}}$

16-12　$\alpha=\dfrac{12g}{7l}$，$F_{Bx}=0$，$F_{By}=\dfrac{4}{7}mg$

16-13　$F_{AD}=73.2\mathrm{N}$，$F_{BE}=273.2\mathrm{N}$

16-14　$F_{NB}=\dfrac{2}{9}mr\omega_0^2+2mg+\dfrac{\sqrt3}{3}F$，$M_O=Fr+\dfrac{2\sqrt3}{3}mr^2\omega_0^2$

16-15　$M=\dfrac{\sqrt3}{4}(m_1+2m_2)g-\dfrac{\sqrt3}{4}m_2r^2\omega^2$

　　　　$F_{Ox}=-\dfrac{\sqrt3}{4}m_1r\omega^2$

　　　　$F_{Oy}=(m_1+m_2)g-\dfrac{r\omega^2}{4}(m_1+2m_2)$

16-16　$F_A=F_B=74.02\mathrm{N}$

16-17　$m_A=3.232\mathrm{kg}$，$\theta_A=253°$；$m_B=2.678\mathrm{kg}$，$\theta_A=199.8°$

第 17 章

17-1　$\sigma_\mathrm{d}=60.4\mathrm{MPa}$

17-2　吊索 $\sigma_\mathrm{d}=58\mathrm{MPa}$，工字钢 $\sigma_\mathrm{dmax}=80.48\mathrm{MPa}$

17-3　$\sigma_{\max}=71\mathrm{MPa}$

17-4　$\sigma_\mathrm{dmax}=7.8\mathrm{MPa}$

17-5　$a_O^\mathrm{t}=\dfrac{g}{2}$，$F_A=\dfrac{mg}{4l}(\sqrt3l+h)$，$F_B=\dfrac{mg}{4l}(\sqrt3l-h)$

17-6　（1）$h\leqslant389\mathrm{mm}$；（2）$h\leqslant9.66\mathrm{mm}$

17-7　$\sigma_\mathrm{dmax}=180.9\mathrm{MPa}$

17-8　（1）$\sigma_\mathrm{d}(x)=\dfrac{\rho\omega^2(l^2-x^2)}{2}$；（2）$\Delta l=\dfrac{2\rho\omega^2l^3}{3E}$

17-9　$\tau_{\max}=\dfrac{32nJ}{td^3}$

17-10　$\sigma_\mathrm{dmax}=157\mathrm{MPa}$

17-11　$\sigma_\mathrm{dmax}=58.68\mathrm{MPa}$，$w_\mathrm{dmax}=3.73\mathrm{mm}$

17-12　（略）

17-13　$\Delta_C=50\mathrm{mm}$，$\sigma_\mathrm{dmax}=150\mathrm{MPa}$

17-14　$w_\mathrm{dmax}=\left(1+\sqrt{1+\dfrac{8h_0Ebh^3}{Gl^3}}\right)\dfrac{3Gl^3}{8Ebh^3}$

17-15　$\tau_{\mathrm{dmax}} = \dfrac{\omega}{W_{\mathrm{p}}}\sqrt{\dfrac{GI_{\mathrm{p}}J}{l}}$

17-16　$\sigma_{\mathrm{d}} = 144\,\mathrm{MPa}$

17-17　（略）

17-18　（1）$\sigma_{\mathrm{dmax}} = \dfrac{Wa}{W_z}\sqrt{\dfrac{3EIv_0^2}{gWa^3}}$，（2）$\sigma_{\mathrm{dmax}} = \dfrac{Wa}{W_z}\sqrt{\dfrac{v_0^2}{g\left(\dfrac{W}{k} + \dfrac{Wa^3}{3EI}\right)}}$

17-19　$v_0 = \dfrac{2\Delta}{5l}\sqrt{\dfrac{3EI}{ml}}$

17-20　（略）

17-21　$\sigma_{\max} = 120\,\mathrm{MPa}$，$\sigma_{\min} = -40\,\mathrm{MPa}$，$\sigma_{\mathrm{a}} = 80\,\mathrm{MPa}$，$\sigma_{\mathrm{m}} = 40\,\mathrm{MPa}$，$r = -\dfrac{1}{3}$

17-22　$r = 0.67$，$\sigma_{\max} = 40\,\mathrm{MPa}$，$\sigma_{\min} = 26.67\,\mathrm{MPa}$

　　　　$\sigma_{\mathrm{m}} = 33.3\,\mathrm{MPa}$，$\sigma_{\mathrm{a}} = 6.67\,\mathrm{MPa}$

17-23　$\sigma_{\max} = 80\,\mathrm{MPa}$，$\sigma_{\mathrm{a}} = 60\,\mathrm{MPa}$

17-24　（1）$\sigma_{\max} = 40\,\mathrm{MPa}$，$\sigma_{\min} = 0$，$r = 0$，脉冲循环

　　　　（2）$\sigma_{\max} = 50\,\mathrm{MPa}$，$\sigma_{\min} = -50\,\mathrm{MPa}$，$r = -1$，对称循环

　　　　（3）$\sigma_{\max} = 40\,\mathrm{MPa}$，$\sigma_{\min} = 40\,\mathrm{MPa}$，$r = 1$，静应力

　　　　（4）$\sigma_{\max} = 70\,\mathrm{MPa}$，$\sigma_{\min} = -30\,\mathrm{MPa}$，$r = -\dfrac{7}{3}$，非对称循环

17-25　$\sigma_{\max} = -\sigma_{\min} = 75.48\,\mathrm{MPa}$，$r = -1$

17-26　（a）$r = 0$，（b）$r = 0.5$，（c）$r = -0.5$，（d）$r = -1$

参 考 文 献

[1] 孙保苍，丁建波. 工程力学基础 [M]. 北京：国防工业出版社，2013.

[2] 徐烈煊，王斌耀，顾慧琳. 工程力学 [M]. 上海：同济大学出版社，2008.

[3] 景荣春. 工程力学简明教程 [M]. 北京：清华大学出版社，2007.

[4] 袁海庆，吴代华. 材料力学 [M]. 武汉：武汉理工大学出版社，2007.

[5] 陈建平，蔡新，范钦珊. 工程力学 [M]. 北京：机械工业出版社，2013.

[6] 石怀荣，陈文平，张玉杰，等. 工程力学 [M]. 北京：清华大学出版社，2007.

[7] 孙训芳，方孝淑，关来泰. 材料力学 I [M]. 5 版. 北京：高等教育出版社，2009.

[8] 景荣春. 材料力学简明教程 [M]. 北京：清华大学出版社，2006.

[9] 朱炳麒. 理论力学 [M]. 2 版. 北京：机械工业出版社，2014.

[10] 周建方. 材料力学 [M]. 北京：机械工业出版社，2010.

[11] 邓宗白. 材料力学 [M]. 北京：科学出版社，2013.

[12] 胡运康. 理论力学 [M]. 北京：高等教育出版社，2006.

[13] 邱家骏. 工程力学 [M]. 北京：机械工业出版社，2006.

[14] 范钦珊. 工程力学（静力学与材料力学）[M]. 2 版. 北京：机械工业出版社，2011.

[15] 秦飞. 材料力学 [M]. 北京：科学出版社，2012.

[16] S P 铁木辛柯. 材料力学史 [M]. 常振檝，译. 上海：上海科学技术出版社，1961.

[17] Ferdinand P Beer. Mechanics of Materials [M]. 3rd ed. 北京：清华大学出版社，2003.

[18] 哈尔滨工业大学理论力学教研室. 理论力学（I）[M]. 7 版. 北京. 高等教育出版社，2009.

[19] 胡运康，景荣春. 理论力学 [M]. 北京. 高等教育出版社，2008.

[20] 唐国兴，王永廉. 理论力学 [M]. 北京. 机械工业出版社，2011.

[21] 原方，邵形，陈丽. 工程力学 [M]. 北京. 清华大学出版社，2013.

[22] 吴永端，邓宗白，周克印. 材料力学 [M]. 北京：高等教育出版社，2011.

[23] 杨梅，张连文，弓满锋. 材料力学 [M]. 武汉：华中科技大学出版社，2013.

[24] 周金枝，姜久红. 材料力学 [M]. 武汉：武汉理工大学出版社，2013.

[25] 周纪卿，等. 理论力学重点难点及典型题精解 [M]. 西安：西安交通大学出版社，2001.

[26] 王铎，程靳. 理论力学解题指导及习题集 [M]. 3 版. 北京：高等教育出版社，2005.

[27] 刘宏才. 理论力学理论与解题指南：上册 [M]. 北京：机械工业出版社，1988.

[28] 支希哲. 理论力学 [M]. 北京：高等教育出版社，2010.

[29] 刘新建. 理论力学：典型题解析与实战模拟 [M]. 长沙：国防科技大学出版社，2002.

[30] 刘鸿文. 材料力学 [M]. 4 版. 北京：高等教育出版社，2004.

[31] 范钦珊，施鎏琴，孙汝劼. 工程力学 [M]. 北京：高等教育出版社，1989.

[32] 蒋持平. 材料力学常见题型解析及模拟题 [M]. 北京：国防工业出版社，2009.

[33] 王永廉，唐国兴，王晓军. 理论力学学习指导与题解 [M]. 北京：机械工业出版社，2010.

[34] 蒋平. 工程力学基础（I）[M]. 北京：高等教育出版社，2003.

[35] 谢传锋，王琪. 理论力学 [M]. 北京：高等教育出版社，2009.

[36] 杨庆生，崔芸，龙连春. 工程力学 [M]. 2 版. 北京：科学出版社，2014.

[37] 张少实. 新编材料力学 [M]. 2 版. 北京：机械工业出版社，2009.

[38] 蒋平，王维. 工程力学基础（II）. [M]. 北京：高等教育出版社，2009.

[39] 盖尔（James M Gere），古德诺（Barry J Goodno）. 材料力学（英文版·原书第 7 版）[M]. 北京：机械工业出版社，2011.

[40] 王永廉. 材料力学 [M]. 北京：机械工业出版社，2011.

[41] 郭应征，周志红. 理论力学 [M]. 北京：清华大学出版社，2005.

[42] 洪嘉振，杨长俊. 理论力学 [M]. 北京：高等教育出版社，2002.